AF462036

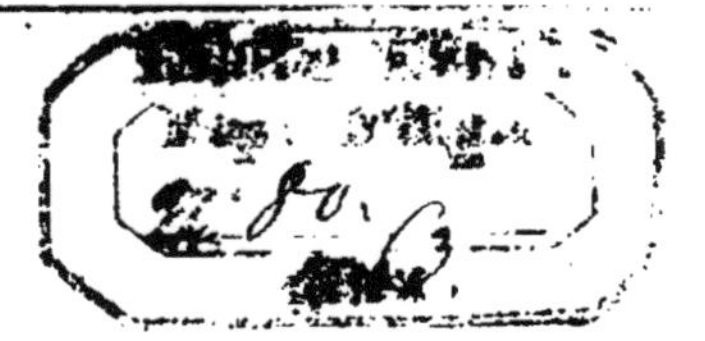

MANUEL

DU

PLANTEUR DE TABAC

MANUEL

DU

PLANTEUR DE TABAC

TRADUIT DE L'ESPAGNOL

PAR LE Dr WAHU

MÉDECIN PRINCIPAL DES HÔPITAUX MILITAIRES, RETRAITÉ ;
MEMBRE DE LA LÉGION-D'HONNEUR ;
ANCIEN MEMBRE DU CONSEIL DU DÉPARTEMENT DES ALPES-MARITIMES.

Il n'y a pas de cultivateur pauvre dans un pays où la culture du tabac est libre, surtout lorsque l'on suit une bonne méthode.

GRUET, *Culture du tabac.*

ALGER

IMPRIMERIE DE BOUYER, 5, RUE CHARLES-QUINT

1863

INTRODUCTION.

Lorsqu'en 1852, je quittai Paris pour venir résider en Algérie, par suite d'ordres ministériels, Don Manuel Rodriguez, un de mes amis, Havanais de naissance et qui depuis longues années habite Paris, me promit de me procurer, d'une part, la semence du tabac Havane première qualité; en second lieu, les ouvrages publiés tant en Espagne qu'à la Havane sur la culture du tabac. M. Rodriguez m'a tenu parole, et c'est à son obligeance toute désintéressée que j'ai dû de recevoir à Cherchell, en 1854 : 1° cinq kilog. de semence de tabac Havane de la *Vuelta de abajo*, de la récolte de 1853 ; 2° deux traités spéciaux fort intéressants, intitulés : l'un, *Manual del veguero*, par Don José Maria Dau ; l'autre, *El tabaco habano, su historia, su cultivo*, etc., par Don Miguel Rodriguez Ferrer. L'auteur de la première de ces brochures est un riche planteur qui a habité pendant longtemps, à la Havane, la contrée appelée *Vuelta de abajo*, où l'on récolte le tabac le plus estimé de toute l'île de Cuba. M. Miguel Rodriguez Ferrer, auteur du second traité, est un ancien *chef politique* (préfet), envoyé par le gouvernement espagnol en mission à la Havane pour étudier le commerce et l'agriculture de ce pays. Il semble donc que l'on peut avoir toute confiance dans les assertions de ces deux auteurs ; c'est ce qui m'a engagé à traduire les deux ouvrages spéciaux précités et à en extraire ce que j'ai cru pratiquement utile aux planteurs algériens ; car j'ai pensé que les règles tracées dans ces ouvrages pouvaient s'appliquer avec tout autant d'avantage à la culture du tabac Chébly ou de toute autre variété de tabac, qu'à celle de la varieté dite Havane.

Deux choses surtout pourront être d'une grande utilité à nos planteurs algériens : c'est d'abord l'indication de la composition analytique des terrains qui produisent, dans l'île de Cuba, les meilleurs tabacs ; car il est évident que c'est là un point de départ à l'aide duquel, par la comparaison, nos planteurs peuvent être très-utilement guidés dans le choix des terrains qu'ils voudront consacrer à la culture du tabac. C'est ensuite la connaissance de la composition intime des composts qui servent à la Havane à amender les terres à tabac ; car s'il est une culture qui exige que le sol soit amendé, c'est, sans contredit, la culture du tabac ; et ce qui fait que les personnes qui ont jusqu'à présent cultivé le tabac en Algérie n'ont pas réussi à en produire de qualité supérieure en rapport avec le climat, c'est qu'en général, dans notre nouvelle France, on est tellement convaincu que la terre est fertile par elle-même, qu'on ne se donne pas la peine de la fumer.

Ainsi que l'a si bien dit M. le secrétaire général Serph, à l'occasion de l'exposition agricole algérienne de 1862, dans le discours qu'il a prononcé lors de la distribution des récompenses, « le cultivateur algérien sème beau« coup, il sème énormément, mais il ne fume guère ; » et il a rappelé, à ce sujet, un aphorisme du célèbre agriculteur Jacques Bujault, qui dit : « Ce n'est pas ce que « l'on sème qui produit, c'est ce que l'on fume. »

On a souvent répété qu'avec du soleil et de l'eau on pouvait faire tout pousser : c'est là une grave erreur qui a déjà fait bien du tort aux cultivateurs algériens. On serait dans le vrai si l'on disait qu'avec du soleil et de l'eau, une terre *convenablement amendée* produit infiniment plus qu'une terre qui, bien que parfaitement amendée, ne reçoit ni soleil ni eau.

Le progrès, en toutes choses, est la résultante de toutes les connaissances humaines, qui s'enchaînent et se prêtent ainsi un mutuel appui. L'agriculteur qui possède de suffisantes notions de chimie et de physique, comprend que la terre d'un champ n'est qu'un réceptacle dans lequel on dépose la semence, et qu'il faut pour que cette semence fructifie, qu'elle trouve dans ce réceptacle les sels et les autres éléments nécessaires à son développement. Or, ces éléments une fois enlevés au sol par une première récolte, la terre reste appauvrie et ne peut plus nourrir une seconde récolte. Il faut donc redonner à la terre tous les sels dont aura besoin cette semence de la seconde récolte.

Oui, dans notre Algérie, il y a du soleil et de l'eau ; sous ce rapport nous sommes richement dotés ; mais ces terres, qui donneraient de si beaux produits industriels : tabac, coton, lin, etc., si elles étaient convenablement amendées chaque année, ne rapportent que des produits très-inférieurs, parce que les cultivateurs ne comprennent pas l'importance des engrais.

Les maraîchers mahonnais établis aux portes d'Alger, sur la route d'Hussein-Dey, font seuls exception ; ceux-là prodiguent le fumier à leurs terres, aussi font-ils d'abondantes récoltes de légumes, qui seraient sans doute plus savoureux si les champs qui les produisent n'étaient pas, en général, trop copieusement irrigués.

J'aurais pu traduire intégralement les deux traités espagnols sur la culture du tabac ; mais ils contiennent un grand nombre de choses qui n'offrent un intérêt réel que pour les Havanais et pour les Espagnols, et ensuite, il y aurait eu nécessairement des redites et par conséquent des longueurs.

J'ai donc préféré ne donner, de chacun de ces livres,

que ce qui peut être applicable à la culture du tabac dans notre colonie d'Afrique.

Quant à la semence que j'ai reçue de l'obligeant M. Rodriguez, j'en ai donné aux colons de Cherchell, de Novi et de Zurich qui ont désiré faire des essais, et j'en ai offert aux préfets des trois départements de l'Algérie. Je suis convaincu que la variété de tabac dite Havane peut parfaitement s'acclimater dans nos possessions d'Afrique ; mais qu'il en sera très-probablement de ce tabac comme des plants de vigne de Bourgogne, de Bordeaux, etc., qui donnent en Algérie un bon vin d'une nature particulière, que l'on ne peut confondre, quant au bouquet et au goût, avec les vins provenant de la Bourgogne et du Bordelais. Le tabac Havane, cultivé en Algérie, présentera sans doute aux amateurs une variété nouvelle, intermédiaire peut-être entre le Havane et le Chébly, et, suivant moi du moins, bien supérieure à ce dernier.

Je dois dire ici que la culture du tabac Havane paraît offrir des difficultés; car, de tous les colons habitant Cherchell ou ses environs, à qui j'ai donné de la semence, je n'en connais qu'un qui ait complètement réussi; c'est un Espagnol qui a passé sa jeunesse aux environs de Valence à cultiver le tabac, et qui connaît, par conséquent, tous les *tours de main* de cette culture *si spéciale et si minutieuse, surtout en ce qui a rapport aux semis;* car, une fois les plants repiqués, la culture ne présente plus de difficultés sérieuses. Cet Espagnol a été, au surplus, amplement dédommagé de ses peines par la superbe récolte qu'il fit et dont j'ai été témoin.

Il est bon de dire que si les colons qui ont essayé la semence que je leur ai donnée n'ont pas réussi, rien en cela ne doit étonner; car beaucoup des colons d'Algérie sont, on le sait, d'anciens ouvriers des villes, qui n'avaient que des notions insuffisantes d'agriculture, et qui, malgré tout leur bon vouloir, sont peu aptes, par conséquent, à entreprendre sans préparation les cultures industrielles.

Plusieurs personnes que j'engageais à s'adonner à la culture du tabac Havane, m'ont objecté que les feuilles de ce tabac étant plus petites que celles du Chébly, il y avait avantage à ne produire que de ce dernier. A ceci on peut répondre victorieusement, je pense, en disant que si un kilog. de Havane se vend autant que trois kilog. de Chébly, l'on n'a point à s'occuper de la dimension des feuilles. On prévoit d'ailleurs que, puisque ces feuilles ont moins de développement, on pourra planter un plus grand nombre de pieds de Havane sur une superficie d'un hectare, par exemple, qu'on n'en planterait de Chébly, tout en conservant néanmoins les distances nécessaires entre chaque pied.

Malgré le vif désir que j'avais de doter l'Algérie de la précieuse variété de tabac Havane ; malgré tout ce que j'ai fait pour parvenir à ce but, la chose n'a point abouti. Ne pourrait-on point s'en prendre à cette inertie si fatale à notre colonie, inertie qui semble ici dominer en souveraine?

Le *Moniteur de la Colonisation*, du 3 mars 1858, a fait connaître que le Gouverneur général de l'Algérie avait reçu du Ministre de la guerre dix-neuf bouteilles de semence de tabacs étrangers, destinées à de sérieuses études d'acclimatation. Ces diverses semences proviennent, dit-on, de la *Vuelta de abajo* (Havane) et de Manille, et elles ont dû être réparties entre les différentes pépinières de l'Etat et quelques chefs indigènes du Sud, afin que des essais comparatifs pussent avoir lieu dans les différentes conditions climatériques de l'Algérie.

Comme ceci a un cachet officiel, et qu'en Algérie, tout aussi bien qu'en France, le public semble convaincu qu'il est impossible de faire un pas sans être dirigé et soutenu par l'Administration, peut-être, dans ce cas, les colons se sont-il appliqués davantage au succès de l'affaire.

Je le souhaite bien vivement, car peut-être alors bien des personnes qui prétendent aujourd'hui qu'il est impossible que le tabac Havane réussisse en Algérie, seront convaincues du contraire. Malheureusement, à l'exception de ceux qui ont habité l'île de Cuba ou le Midi de l'Espagne, la plupart des colons français ne sauraient avoir la moindre idée de la délicieuse supériorité du tabac Havane sur tous les autres tabacs connus. En général, et à très-peu d'exceptions près, ce que l'on vend sous la fallacieuse dénomination de tabac de la *Vuelta de abajo* ne ressemble pas plus à ce tabac que le vin de Suresne ne ressemble au Chambertin. Moi qui, pendant plusieurs années passées en Andalousie, ai joui, en vrai gourmet, du plaisir de fumer le véritable cigare Havane, je ne saurais trop exhorter mes compatriotes d'Algérie à ne pas se laisser décourager par quelques essais infructueux et à poursuivre avec ardeur l'acclimatation de la précieuse variété Havane en Algérie. Ce sera, j'ose le prédire, une source de fortune inespérée pour bien des colons qui, aujourd'hui, usent leurs forces et leurs ressources à des cultures qui ne leur rapporteront jamais le quart de ce que pourra leur donner le tabac Havane.

Si ce travail n'a point été publié plutôt, cela a tenu à plusieurs causes indépendantes de ma volonté; j'espère cependant qu'en présence du bon vouloir qui m'anime, il sera favorablement accueilli.

Je vais maintenant entrer en matière, et je m'efforcerai d'être aussi concis et aussi clair que me le permettront les deux auteurs dont je me fais l'interprète.

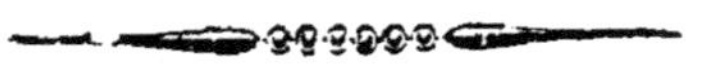

Traduction, par extraits,
du livre de Don Miguel Rodriguez FERRER, intitulé :
EL TABACO HAVANO, **publié à Madrid en 1851.**

Les plantations de tabac se divisent, dans l'île de Cuba, en naturelles et artificielles. Les plantations naturelles sont celles qui, étant situées sur les bords des rivières ou des ruisseaux, peuvent être inondées pendant les grandes eaux ; ou encore, les terrains qui, bien que n'étant jamais inondés, jouissent cependant de l'humidité que leur communique leur proximité de quelque rivière ou ruisseau. Les meilleures de ces plantations naturelles sont celles qui, pouvant être submergées lors du débordement momentané des rivières, n'ont cependant point à craindre l'impétuosité du courant qui entraînerait les jeunes plants de tabac. Ces sortes de terrains sont préférés et produisent les meilleurs tabacs, parce que, d'une part, ils ne sont jamais exposés à la sécheresse lorsque les pluies font défaut, et parce qu'ensuite ils sont fécondés par le limon et par les détritus amenés par les eaux. C'est pour cela, sans doute, que ces terrains donnent plus tôt au planteur la récolte, fruit de ses labeurs, et que cette récolte présente une qualité meilleure ; toutefois, avec la chance mauvaise que quelque inondation extraordinaire peut venir entraîner les semis.

Les plantations artificielles sont celles que le planteur prépare pour y semer le tabac, soit qu'il choisisse un terrain en plaine et défriché, soit qu'il préfère un endroit montueux et une terre vierge, qu'il est alors obligé de débarrasser des arbres qui l'obstruent et dont l'ombre s'opposerait au développement du tabac. L'étendue de ces diverses espèces de plantations est en raison directe des forces du planteur ou de la quantité d'ouvriers qu'il peut s'adjoindre, non-seulement pour la culture, mais encore pour préserver les plants des dangers qu'ils peuvent courir par suite de causes dont je me réserve de parler plus loin, désirant faire connaître, au préalable, les plantations qui sont les plus renommées dans l'île de Cuba.

Les personnes qui parlent des métairies et des tabacs le plus en réputation dans l'île de Cuba, commettent ordinairement deux erreurs capitales : la première, c'est de dire que toute l'île produit du tabac également supérieur ; sans doute parce que tous les cigares qui sortent de cette île portent l'inscription *Tabac de la Vuelta de abajo* ou *Tabac de la Havane*, et ce sont en effet ces deux localités qui produisent le meilleur ; la seconde erreur consiste à croire que le meilleur tabac n'est fourni que par la partie occidentale de l'île, c'est-à-dire par les terrains situés à l'est du méridien de la Havane, terrains que l'on désigne le plus généralement sous le nom vulgaire de *Vuelta de abajo* (ce qui signifie littéralement, en français, le côté d'en bas). Ces deux opinions sont également erronées ; car ni les terrains de la *Vuelta de abajo* ne sont tous égaux en qualité et ne peuvent par conséquent produire tous d'excellents tabacs; ni, dans le canton appelé *Vuelta de arriba* (le côté d'en haut), il ne laisse d'y avoir des métairies dans lesquelles on récolte du tabac aussi estimé que le plus estimé de la *Vuelta de abajo*.

Après avoir longuement énuméré les divers cantons de l'île de Cuba qui fournissent les tabacs les plus estimés, notre auteur entre, à propos des cantons désignés sous les dénominations de *Vuelta de abajo* et de *Vuelta de arriba*, dans quelques détails qui offriront un grand intérêt à tous ceux qui veulent se consacrer, en Algérie, à la culture du tabac en général et du tabac havane en particulier ; car il ressort de ce qu'il dit, ainsi qu'on pourra le voir plus loin, que ce que doit surtout rechercher le planteur, c'est que le tabac soit exempt, autant que possible, de cette matière plus ou moins gluante qui se développe à la surface des feuilles ; puis, que ces feuilles n'aient que les nervures les plus fines possibles. Voici ce qu'il dit à ce sujet :

«Beaucoup de plantations de la *Vuelta de arriba* donnent en effet d'aussi bons tabacs que celles de la *Vuelta de abajo*, et si les planteurs du premier de ces cantons apportaient plus d'attention à bien déterminer les époques des récoltes, s'ils modifiaient leur manière de récolter, s'ils cultivaient le tabac avec autant de soin que les planteurs de la *Vuelta de abajo*, s'ils cherchaient, comme eux, à obtenir des feuilles très-fines et à nervures peu nombreuses, il n'est pas douteux que l'on pourrait à peine établir une différence entre certains tabacs de ces deux cantons.»

Toutefois, ce qui contribuerait à empêcher la confusion entre les tabacs de ces deux provenances, serait l'espèce particulière de terrain consacrée, dans l'un et l'autre canton, à cette culture ; les terres de la *Vuelta de abajo* étant plus légères, ce qui donne au tabac plus de suavité et plus de délicatesse, par la raison que celui qui est récolté sur ces terrains contient moins de suc glutineux et moins de nervures ; car il est prouvé qu'absolument parlant, les terres sablonneuses et légères, celles qui sont très-meubles et très-fines, sont celles qui produisent le tabac qui réunit les conditions recherchées par tout bon fumeur.

La majeure partie des terrains de la *Vuelta de abajo* est formée, nous le répétons, de terres meubles et sablonneuses, en raison de la proportion de silice qu'elles contiennent, et les sels qui accompagnent les terrains siliceux prédominent dans les matières organiques ainsi que nous le démontrerons plus tard. Les terrains de la *Vuelta de arriba*, au contraire, ont une plus grande force de végétation; ils sont plus forts, plus compactes, et si le tabac provenant de ces terrains acquiert un plus grand développement dans ses formes végétales, par cela même, la qualité de sa feuille est plus grossière ; les nervures sont plus nombreuses et plus fortes, et son parenchyme contient une plus grande proportion de suc glutineux, ou de miel, pour parler le langage des planteurs ; aussi ce tabac est plus âpre et plus fort quand on le fume. C'est pourquoi, dans les localités de la *Vuelta de arriba* où ces dernières conditions ne se rencontrent pas, ou dans celles qui ne valent rien pour d'autres cultures, le tabac se rapproche davantage par ses qualités de celui de la *Vuelta de abajo*, et ceci nous conduit à entrer dans certains développements relativement aux propriétés et à l'essence des terrains propres à la production du tabac.

Les terres auxquelles on donne la préférence dans toute l'île de Cuba pour la culture du tabac, sont de trois sortes. On les désigne, en raison de leur aspect ou de leur couleur, par les noms de noires, de brunes (dont la nuance tire sur le rouge), et de complétement vermeilles ; ces dernières sont vulgairement appelées rouges. Les premières, les terres noires, sont généralement onctueuses et glutineuses, parce qu'elles sont mélangées d'argile, mais elles conservent une certaine friabilité et une certaine humidité. Les terres brunes sont également onctueuses et tenaces. Les troisièmes, ou les terres rouges, sont fines, plus sèches par conséquent, mais parfaitement propres à la culture des bons tabacs.

Toutes ces terres sont, les unes en terrain plat, les autres en terrain accidenté ou escarpé ; les unes pierreuses, les autres sans pierres ; d'autres enfin, ni tout-à-fait en terrain plat, ni tout-à-fait escarpées, mais présentant une pente douce très-favorable pour n'être pas submergées lorsque les semis sont faits pendant les grandes pluies, comme cela arrive dans les plaines et dans les localités basses. Les terrains pierreux sont de peu de rapport ; les terrains en plaine sont mieux appropriés à la culture, à condition qu'ils présentent cette demi-inclinaison dont nous venons de parler ; et finalement tous ces terrains rapportent plus ou moins, selon l'intelligence et les ressources matérielles du planteur, et surtout selon les vicissitudes atmosphériques et l'influence du climat.

Nous aurions désiré donner ici une analyse détaillée des terrains de toutes les métairies de l'île de Cuba et des éléments salins et autres dont se composent les plus estimés.

Nous avions, à cet effet, recueilli sur les lieux, dans les principales de ces métairies, certaines quantités de terre qui furent placées séparément dans de petits sacs; nous avions fait de même pour les terrains situés sur le bord des cours d'eau et qui produisent les meilleurs tabacs. Avant de partir pour l'Europe, nous remîmes tous ces échantillons de terres accompagnés de feuilles cueillies dans chaque localité, à M. Louis Casaseca, professeur de chimie à la Havane, l'un des savants qui, dans cette branche des sciences, soutient le mieux l'honneur de l'Espagne vis-à-vis de l'étranger.

Ce chimiste étant sur le point, à cette époque, de s'occuper pour son propre compte d'un semblable travail, nous promit de nous envoyer le résultat de ses analyses; mais jusqu'à ce jour il n'a pu exécuter sa promesse. En attendant que nous puissions publier ces intéressants travaux, nous donnons l'analyse de quelques terrains de la *Vuelta de abajo*. Ce travail a été fait par M. Pelletier au moyen des échantillons qui composaient la collection du laborieux M. La Sagra, qui a publié ces analyses dans le tome 1er de son ouvrage sur l'île de Cuba.

Ces échantillons proviennent des cantons de la partie

occidentale de l'île qui produisent le véritable tabac de la Havane, autrement dit de *Vuelta de abajo*, tabac si bien caractérisé par la facilité avec laquelle il brûle, par sa suavité, et par son agréable arôme; et comme l'analyse qui a été faite présente les éléments constitutifs des meilleurs terrains qui le produisent, il nous a semblé inutile de nous occuper de ceux qui n'ont avec eux qu'une certaine analogie, et c'est pour cela que nous ne nous sommes point préoccupé des terrains qui entrent dans la composition de la *Vuelta de arriba*.

ANALYSE DE DIVERS ÉCHANTILLONS DE TERRAINS DE LA *Vuelta de abajo*.

N° 1. *Ajiconal*..............	Matières organ.	9 40
	Silice...........	84 40
	Chaux (traces)..	00 00
	Alumine........	3 00
	Oxide de fer....	3 20
		100 00
N° 2. *San Diego de los Banos.*	Matières organ.	18 40
	Silice..........	70 80
	Chaux.........	0 40
	Alumine.......	0 40
	Oxide de fer....	10 00
		100 00
N° 3. id.	Matières organ.	23 20
	Silice..........	68 20
	Chaux.........	4 60
	Alumine (traces)	0 00
	Oxide de fer...	4 00
		100 00

N° 4. *Vuelta de abajo*........	Matières organ.	4	60
	Silice..........	90	80
	Chaux (traces)..	0	00
	Alumine.......	3	40
	Oxide de fer...	1	20
		100	00
N° 5. id. Autre localité...	Matières organ.	9	60
	Silice..........	86	40
	Chaux.........	0	00
	Alumine	0	68
	Oxide de fer....	1	92
	Perte..........	1	40
		100	00
N° 6. *La Catalina*...........	Matières organ.	7	60
	Silice..........	76	20
	Chaux	0	00
	Alumine	8	60
	Oxide de fer...	7	60
		100	00
N° 7. id. Autre localité...	Matières organ.	5	50
	Silice..........	82	80
	Chaux	0	00
	Alumine	8	80
	Oxide de fer....	2	40
	Perte..........	0	50
		100	00
N 8. *Concordia*............	Matières organ.	15	00
	Silice..........	52	00
	Chaux.........	2	40
	Alumine.......	13	80
	Oxide de fer...	16	80
		100	00

N° 9. Idem.................	Matières organ.	10 60
	Silice..........	66 00
	Chaux	2 00
	Alumine.......	5 40
	Oxide de fer....	16 00
		100 00
N° 10. Idem................	Matières organ.	15 20
	Silice	60 00
	Chaux.........	12 44
	Alumine	1 20
	Oxide de fer...	11 16
		100 00
N° 11. Idem................	Matières organ.	16 80
	Silice..........	66 40
	Chaux	0 88
	Alumine	8 40
	Oxide de fer...	7 52
		100 00
N° 12. *Potrero de la rosa*......	Matières organ.	4 00
	Silice..........	90 40
	Chaux.........	0 00
	Alumine	0 80
	Oxide de fer....	4 80
		100 00
N° 13. *San Juan*.............	Matières organ.	22 00
	Silice..........	38 00
	Chaux	0 00
	Alumine	16 00
	Oxide de fer...	23 00
	Perte..........	1 00
		100 00

N° 14. *San Sebastian*.........	Matières organ.	3 80
	Silice	90 00
	Chaux	0 00
	Alumine	3 20
	Oxide de fer....	3 00
		100 00
N° 15. *San Juan de Contreras*.	Matières organ.	26 00
	Silice..........	50 40
	Carb. de chaux.	2 40
	Alumine.......	10 80
	Oxide de fer...	10 00
	Perte..........	0 40
		100 00
N° 16. *Capellanias*...........	Matières organ.	12 40
	Silice..........	34 00
	Carb. de chaux.	36 20
	Alumine.......	4 60
	Oxide de fer....	12 80
		100 00

Il résulte de ces analyses que les éléments constitutifs des terrains influent plus que le climat et l'exposition des terres sur la qualité du tabac (1). Elles font aussi connaître que souvent il arrive que des métairies voisi-

(1) Nous ne voulons pas dire par là que le climat et l'exposition n'influent en rien sur la végétation du tabac, bien au contraire, on sait que cette plante, originale d'Amérique, ne peut jamais atteindre en Europe, quelle que soit la douceur du climat et quel que soit le soin qu'on apporte à sa culture, les mêmes qualités qu'aux Antilles. L'exposition du terrain influe aussi sur ces qualités, comme le dit Rosier : Un terrain exposé au soleil produit toujours de meilleur tabac qu'un terrain qui reçoit le nord ; nous ne parlons ici que des causes intimes qui peuvent exercer une action sur la saveur et l'arôme du tabac.

(*Note de l'auteur.*)

nes l'une de l'autre donnent des produits différents, en raison des différences de composition intime du terrain. Ces analyses indiquent aussi que l'étude des divers terrains, faite par des cultivateurs habiles, pourrait amener à modifier leur composition, en leur enlevant ou en y ajoutant des principes actifs qui influent en bien ou en mal sur la qualité du tabac. Mais le planteur de l'île de Cuba, guidé en général par la routine ou par quelque observation dont il ne se rend pas compte, ne varie guère son système de culture, soit qu'il s'agisse de la *Vuelta de Abajo* ou *de Arriba*. Dans quelques plantations du premier de ces cantons, on laboure la terre et on lui fait subir des amendements ; dans certaines plantations du second de ces cantons, on laboure la terre, mais on ne l'amende jamais. Dans quelques-unes, on observe avec soin la saison ou le point de maturité des feuilles et on les coupe d'après la période qu'elles atteignent ; dans les autres, on récolte tout à la fois, à époque fixe. Dans les unes, on espace les époques des semis; dans les autres, on ne suit à cet égard aucune règle. Dans les unes, on tient grand compte de la diminution ou de l'augmentation de hauteur de la plante, lorsqu'on veut donner plus ou moins de suc à ses feuilles ; dans les autres enfin, tout se fait d'instinct et par des procédés qui ne connaissent d'autres motifs que l'expérience sûre et répétée.

Mais, laissant de côté ces diverses considérations, nous allons présenter à nos lecteurs le mode pratique ou le système particulier suivi par les meilleurs planteurs des deux *Vueltas*. Nous commencerons par la *Vuelta de Abajo*, où, sans contredit, la culture, l'observation et l'expérience sont parvenues à un plus haut degré.

Afin d'arriver à notre but plus sûrement, nous nous établîmes dans la plantation de tabac la plus riche et la mieux cultivée de ce canton ; nous y trouvâmes une hospitalité généreuse. — Nous donnerons ici une description fidèle de cet établissement.

Cette plantation porte le nom de Sainte-Isabelle ; elle est située à trois quarts de lieue de Saint-Jean, dans la province de *Pinar del Rio* ; c'est une des plus grandes et des mieux installées de toutes celles que nous avons vues dans l'île de Cuba; car si l'on en excepte un petit nombre qui ont été établies depuis quelques années par des propriétaires ou par des capitalistes, les autres appartiennent à de pauvres gens ou à des cultivateurs qui n'ont que de trois à six esclaves. Le propriétaire de la plantation que nous décrivons commença dès 1805 à faire le commerce du tabac, commerce qu'il continua avec la Factorerie, avec les particuliers et avec l'île de la Providence. Les bénéfices qu'il fit le mirent à même d'acheter dix-huit *caballerias* (1) de terrain qui lui coûtèrent 80 fr. l'une. Aujourd'hui, sa métairie se compose de vingt-quatre *caballerias*, dont trois fort grandes sont réservées pour la culture du tabac. Le reste de sa propriété est consacré à la plantation du maïs, à des pâturages et à des bois taillis : il a aussi un emplacement que recouvrent 20 à 25 mille pieds de majaguas (*hibiscus tiliaceus*, Linnée) (2).

Il a également planté un bois de Yayas (3), et parmi

---

(1) Sorte de mesure agraire en usage à la Havane. La *caballeria* équivaut à 12 hectares 96 ares.

(2) Majagua (*hibiscus tiliaceus*, Linnée). C'est un arbre qui rend de grands services dans ce pays; car, outre les usages industriels auxquels est appliqué son bois élastique et flexible, il offre encore un aubier filamenteux dont on fait des cordes, des lanières et toute espèce de liens ; les bandes les plus fines de cet aubier servent surtout à lier les bottes du tabac en tige ou du tabac trié.

La reproduction de cet arbre est d'autant plus essentielle qu'en raison de la grande consommation que l'on en fait, il disparaît de jour en jour des rares bosquets qui existent encore dans la partie occidentale de l'île. Trois ans après qu'on l'a semé, il commence déjà à donner son fruit qui sert d'aliment aux porcs ; ce fruit se reproduit facilement, car, si l'on coupe la branche principale, il pousse de quatre à six rejetons et même davantage. On pourrait, ce nous semble, chercher à acclimater cet arbre si utile dans nos possessions africaines. (*Note du traducteur.*)

(3) Yaya (*Guatteria virgata*, D. C.). Cet arbre n'est pas moins utile

ces deux bois il a planté des cèdres de 10 à 12 ans (1) : les yayas pour servir à l'alimentation des porcs ; les cèdres pour servir à ses héritiers. Cette dernière pensée, dans un pays où personne ne s'occupe de l'avenir, mais seulement du présent; cette plantation de bosquets et d'arbres dans une île où l'on est chaque jour témoin du douloureux spectacle de la destruction de tous les vieux arbres; cette végétation et cette ombre produites par la main de l'homme dans un pays où l'on semble se faire une loi de ne laisser aucun arbre debout, ni d'en planter même pour ombrager la chaumière du laboureur, tout cela attira puissamment notre attention et nous fit concevoir du planteur dont nous parlons l'opinion la plus favorable. Privé de toute espèce de connaissances théoriques, mais fortifié par la lumière de l'expérience; doné d'un naturel vif, d'une activité prodigieuse et d'une fortune aujourd'hui indépendante, ses conceptions se sont élevées au-dessus du niveau de celles des autres planteurs ; ses prévisions se sont identifiées à son avenir; elles lui ont procuré toutes les commodités de la vie et même des satisfactions de luxe ; et non-seulement l'on ne

---

et nécessaire dans les plantations de tabac, en raison de la promptitude avec laquelle il donne des jets aussi flexibles que droits et élevés et qui servent à une foule d'usages, principalement pour suspendre le tabac dans les hangars à ce destinés. Le propriétaire de la métairie dont je donne la description, s'est procuré ainsi, par son intelligence et par ses soins, autant de ces arbres qu'il peut en avoir besoin dans son exploitation agricole, et de cette manière il n'est point obligé d'en faire venir de loin et à grands frais. Encore un arbre qu'on devrait naturaliser en Algérie. (*Note du traducteur.*)

(1) Le propriétaire de la métairie de Sainte-Isabelle, par suite de son expérience n'a pas planté les cèdres isolément comme beaucoup le font, ou aux limites de son terrain. Le cèdre, dans ce cas, croît très-lentement et nous en avons vu qui avaient de 20 à 30 ans, et dont le tronc n'avait encore atteint qu'un faible diamètre. Lorsque au contraire, on le plante dans un bosquet à claire-voie, et parmi d'autres arbres qui le protègent, il se développe beaucoup plus promptement, tant en grosseur qu'en hauteur.

trouve pas dans sa propriété la monotonie et l'aridité qui caractérisent celles de ses voisins, mais encore c'est la seule de cette classe dans laquelle on rencontre la variété et l'agrément d'une maison de plaisance. Les confins de cette métairie son bordés de rangées de cocotiers; de nombreux palmiers étalent leurs rameaux verdoyants ; une infinité d'arbres fruitiers couvrent le sol qui, dans les autres métairies, est triste et aride; enfin une écurie bien garnie de chevaux et un luxueux pavillon rempli de coqs de combat, ont trouvé place sous ces frais ombrages (1).

Tandis que les autres métairies n'ont pour abriter leur matériel qu'une simple chaumière, celle dont nous donnons ici la description a un hangar élégant; non loin de ce hangar se trouve celui dit du tabac. Dans toutes les métairies l'on couvre ce hangar de tiges sèches de palmier; les parois consistent en planches disposées à claire voie; c'est dans ce hangar que l'on dépose le tabac en feuilles pour le bien aérer et le faire sécher: ces feuilles sont suspendues en forme de grappes à de longues perches disposées parallèlement dans le sens de la longueur du hangar à tabac (2).

Le nombre d'esclaves dépendant de la métairie de Sainte Isabelle, lorsque nous la visitâmes, était de 70 nègres, de 21 négresses et de 19 enfants issus de ceux-ci, dont 16 mâles et 3 femelles. La plus forte récolte obtenue jusqu'alors avait été celle de 1844, qui produisit 362 charges et demie (3); chaque charge des deux qualités de

(1) Les habitants de l'île de Cuba sont très amateurs de combats de coqs; tous ceux qui ont le moyen de le faire, entretiennent un grand nombre de ces animaux.

(2) En Algérie, les tiges de l'aloës pitte (*agave americana*) pourraient parfaitement remplir ce but; car elles réunissent à une suffisante résistance, une grande légèreté. On pourrait se servir du *Bambou de l'Inde* ou du *Bambou de Madagascar*, qui sont aujourd'hui parfaitement acclimatés dans la province d'Alger. (*Note du traducteur.*

(3) Une charge est ce que peut porter un mulet.

tabac étant de deux tercios (1), et chaque tercio étant de 70 manoques (2). En 1847, la valeur du produit de la métairie de Sainte-Isabelle fut de 52,000 fr., et cette année fut considérée comme mauvaise. Mais examinons en détail les diverses manipulations que nécessite le tabac ; ce qui nous fera connaître, à peu de chose près, la manière dont a lieu cette culture dans les métairies de la *Vuelta de abajo.*

Comme tous les terrains dépendant de la métairie de Sainte-Isabelle sont, en général, de médiocre valeur, on a l'habitude de laisser reposer pendant un an, sans les faire servir à aucune espèce de culture, tous ceux de ces terrains qui ne peuvent être amendés. Les amendements ne sont point encore admis, au surplus, dans la majeure partie des autres métairies ; toutefois, nous les avons vu employer avec grand avantage dans les métairies de *San Juan*, de *Don Thomas Solazar*, de *Pinar del Rio*, et dans quelques autres dont les propriétaires sont riches et instruits. Dans ces métairies on donne à la terre quatre ou cinq labours, et, cette opération étant faite avec le plus de soin possible, on retire les jeunes plants de l'endroit où l'on a fait les semis et on les repique. Les semis se font dans les métairies même, ordinairement dans un enclos ; la terre est préparée avec soin et l'on sème dans le mois d'août. Au bout de deux mois, les jeunes plants sont assez développés pour être repiqués. Alors (vers la fin d'octobre) on les aligne dans les champs en laissant entre chaque plant 67 centimètres d'intervalle. Du temps où la Factorerie existait dans l'île de Cuba, l'intervalle entre chaque ligne ou sillon était de 1m,25, d'après les ordres de l'administrateur de la Factorerie, nommé Rapun. Quelquefois cet intervalle entre les sillons n'était que de

(1) Un tercio pèse de 110 à 120 livres espagnoles de 12 onces.

(2) Il y a huit ans (1843), le tabac de la métairie de Linares se vendait 6 fr. la manoque composée de 120 feuilles ; aujourd'hui (1851) il ne vaut guère que 1 fr. 25 à 1 fr. 50.

43 centim. et, lorsque les plants étaient ainsi rapprochés, ils donnaient 13 ou 14 feuilles, et le suc de la plante était ainsi réparti sur une plus grande surface ; le tabac prenait cette nuance jaune-clair si estimée lors de la vente. Aujourd'hui cette manière de faire a été modifiée, parce que la plus grande partie de la demande anglaise est de tabac couleur brun foncé ; aussi c'est pour cela que l'on distance beaucoup plus les plants, afin de leur donner le plus de vigueur possible et, par conséquent, la couleur la plus foncée. Mais lorsque le tabac est planté de cette dernière manière, une infinité d'insectes, tels que les limaces, les grillons, les cloportes et d'autres, qui s'attaquent tantôt à la feuille, tantôt au tronc de la plante, viennent tenir en éveil le planteur, dont le seul souci, tant que les jeunes plants n'ont pas acquis une certaine vigueur, doit être de les préserver de leurs ennemis soit par lui-même, soit par des esclaves.

Dès que les jeunes plants de tabac ont pris racine, on sarcle souvent et avec soin, afin d'empêcher la mauvaise herbe de se développer, puis l'on butte. Lorsque la tige a poussé dix à douze feuilles, on coupe le bourgeon central supérieur, afin de répartir sur le reste de la plante la sève qui aurait été employée à former la fleur ; on voit alors se développer un bourgeon dans l'aisselle de chaque feuille ; ces bourgeons naissent à deux reprises successives pendant le temps que la plante met à acquérir son développement, et l'on met tout autant de soin à les enlever, au fur à mesure qu'ils se montrent, qu'on en met à préserver la plante des insectes qui lui sont hostiles. Enfin, les feuilles parviennent à maturité et l'on s'occupe de la récolte.

Ce moment est sans contredit celui qui influe le plus sur la bonne qualité du tabac, et celui qui attire le plus l'attention des planteurs de la *Vuelta de Abajo*, tandis que ceux de la *Vuelta de Arriba* s'en préoccupent beaucoup moins ; car au lieu d'imiter les premiers qui récoltent chaque feuille au fur et à mesure de sa maturité, ils se contentent de couper la plante à un moment donné. Dans la métairie dont nous décrivons ici les procédés de culture, de même que dans beaucoup d'autres, les planteurs reconnaissent à l'aide d'un moyen mécanique l'époque de la maturité des feuilles: pour cela, ils pressent entre leurs doigts le pétiole de la feuille, et lorsque cette manœuvre fait entendre un certain craquement et qu'en même temps la feuille jaunit, ces deux signes réunis leur indiquent qu'il est temps de faire la récolte. Cette opération se fait de deux en deux feuilles, en commençant environ deux mois après que l'on a repiqué le tabac, en tenant compte du climat, de la localité et du temps qu'il fait (1).

Les feuilles coupées et réunies par un lien à l'aide de leur pétiole forment des bottes que l'on place dans le hangar à tabac, sur les perches dont nous avons parlé plus haut; ces perches sont placées pendant quatre jours, parallèlement, les unes à côté des autres. Au bout de ce temps, on les distance l'une de l'autre d'environ 25 centimètres et l'on attend ainsi que le tabac soit complétement sec. Dès qu'il est en cet état, on choisit une journée humide pendant laquelle on l'empile dans un local où le vent ne peut pas pénétrer, et lorsqu'il a passé ainsi vingt jours ou un mois empilé, on procède à ce que les planteurs appellent le triage; cette opération est celle qui consiste à classer, feuille par feuille, le tabac selon sa qualité.

On forme ainsi une, deux, trois catégories ou davantage, suivant les années et les perfectionnements apportés à la culture (2). Les catégories étant formées, on

(1) Nos lecteurs ne doivent point oublier qu'il s'agit ici de l'île de Cuba, où la température est toujours plus élevée qu'en Algérie et où, par conséquent, le tabac doit parvenir plus promptement à maturité. *(Note du traducteur.)*

(2) Il nous semble que l'on arriverait plus facilement au même but, si on faisait ce triage au moment même de la cueillette.

humecte les feuilles de tabac avec un liquide composé de mélasse et d'eau dans laquelle on a fait macérer du tabac pendant quatre ou cinq jours ; quelques personnes y ajoutent de l'urine très forte. Mais il faut avoir attention à ce que le tabac destiné à produire le *maceratum* ne séjourne pas plus de quatre ou cinq jours dons l'eau, car passé ce laps de temps, il se putréfie et communique à l'eau une saveur âcre, nullement aromatique et fort désagréable (1).

Dès que le tabac a été humecté avec la composition précitée, on le réunit par *manoques*; on assemble ces manoques, trois par trois, au moyen du large pédoncule du palmier royal (*Orodoxia regia*), et c'est dans cet état qu'il est livré au commerce.

Par cette description minutieuse que nous venons de faire de ce qui se passe depuis le moment des semis jusqu'au jour où les feuilles préparées sont livrées au commerce, on a pu se faire une idée du peu de déboursés qu'exige cette culture, et l'on a vu aussi combien peu sont fatigants les travaux qui y sont relatifs; mais nous devons dire que ce qui contribue le plus à sa prospérité, c'est la présence incessante du planteur, sa direction continuelle et intelligente, ainsi que le soin avec lequel il doit suivre le développement du tabac, depuis le moment des semis, et pendant l'écimage et les autres opérations qui ont lieu, en tenant compte de la qualité du terrain, suivant qu'il est amendé ou qu'il ne l'est pas, et suivant aussi le plus ou moins de développement que l'on veut donner à la plante. Ce sont surtout les insectes qui doivent, dans un pays chaud comme l'île de Cuba (2),

(1) On verra plus loin, dans les notes qui terminent la brochure de Don J.-M. Dau, que la coutume de saucer le tabac avec de la mélasse et de l'urine est une ancienne pratique que quelques planteurs arriérés voudraient faire revivre, mais que les hommes instruits repoussent comme défavorable au tabac. (*Note du traducteur.*)

(2) Le climat de l'Algérie a beaucoup d'analogie sous ce rapport avec celui de Cuba; il faut donc aussi en Algérie se tenir en garde contre les ennemis du tabac. (*Note du traducteur.*)

et lorsqu'il s'agit d'une plante qui les attire en aussi grand nombre, tenir sans cesse le planteur en éveil, et l'engager à ne jamais perdre de vue la plantation pendant le court espace de temps qui s'écoule entre le semis et la récolte. C'est pour cela sans doute qu'un planteur nous disait un jour, lorsque nous lui demandions si la culture du tabac exigeait de forts labeurs : Le meilleur planteur est celui qui *caresse* le plus le tabac. Manière de s'exprimer pittoresque et par laquelle ce planteur nous donnait à entendre que si le tabac ne réclamait pas les soins pénibles de la canne à sucre, ou les opérations compliquées inhérentes à la culture du café, toutefois il nécessitait un main-d'œuvre presque continuelle, aidée de l'intelligence et de la patience.

Voyons maintenant le mode et les heures de travail des nègres dépendant de la métairie dont nous avons parlé plus haut.

A quatre heures du matin, la cloche des travaux sonne et les nègres se lèvent ; ils vont chercher le bois, l'eau et la pâture pour les bestiaux ; cette corvée préliminaire étant faite, les nègres partent pour les champs au lever du soleil. Leur travail dépend de l'époque de l'année et des labeurs qu'exige le tabac : tantôt ils labourent ou ils sarclent ; tantôt ils sèment; ils enlèvent les bourgeons et les insectes, ou bien encore ils coupent le tabac, le mettent en bottes pour le transporter à l'habitation. En un mot, ils s'occupent à divers travaux jusqu'à dix heures du matin. De 10 à 11, ils déjeunent et se reposent ; à onze heures, ils retournent au travail jusqu'à la nuit. Ils rentrent alors dans leurs cases pour manger et dormir jusqu'au lendemain, à moins que l'on ne soit à l'époque de l'année où ils travaillent une partie de la nuit après avoir pris un peu de repos.

Dans ce cas, dès que vient la nuit, on donne aux nègres deux heures pour manger et se reposer, ce qui conduit de 10 à 11 heures et parfois à minuit ; ils retournent alors aux champs pour sarcler, munis de torches en bois résineux, ce qui présente un spectacle très-pittoresque au milieu de la campagne et dans le silence et l'obscurité de la nuit. Il paraîtra sans doute difficile qu'un tel travail puisse s'accomplir au milieu des ténèbres et seulement à la faveur de la clarté des torches, sans nuire à la tige délicate du tabac; mais comme les plants sont convenablement espacés, ce travail n'offre aucun inconvénient, et nous l'avons vu s'accomplir parfaitement, tandis que les vieillards et les enfants nègres, qui ne pouvaient faire autre chose, portaient les torches destinées à éclairer les travailleurs (1).

Maintenant que nous avons passé en revue les modes de culture des plantations de la *Vuelta de abajo*, voyons comment on opère dans les meilleures métairies de la *Vuelta de arriba*.

Manière de faire les semis. — Cette partie de l'île étant couverte de forêts, et très-peu peuplée, on n'a nul besoin de fumer la terre avant de lui confier la semence du tabac; seulement on défriche une partie du terrain, on en ôte les mauvaises herbes, puis on y répand la semence; l'humus si abondant de cette terre vierge dispensant de l'amender en aucune façon. Les semis se font le 1er, le 4 ou le 15 octobre, ainsi que le 1er ou le 8 novembre. En décembre, si le temps a été favorable, les premiers semis fournissent déjà des plants en état d'être repiqués.

Manière de repiquer. — En même temps que, d'un côté, les semis ont été faits, de l'autre, les terrains destinés à être plantés de tabac ont été binés et sarclés à l'époque convenable; beaucoup de planteurs font ces opérations dès le mois de septembre, si le temps le permet.

Les herbes et autres végétaux arrachés des terrains sont incinérés sur place, puis on laboure la terre en lui donnant cinq façons ou même davantage. Le terrain étant ainsi préparé, on apporte les plants et l'on commence le repiquage. Lorsqu'il pleut, il n'est pas néces-

(1) On pourrait, pour ces travaux de nuit, se servir avec avantage de la lumière électrique. (*Note du traducteur.*)

saire d'arroser les jeunes plants; mais quand il ne pleut pas, on arrose au fur et à mesure du repiquage, et les semis faits en novembre fournissent des plants que l'on peut repiquer dès le mois de janvier. De même qu'à la *Vuelta de abajo*, on enlève en temps opportun les bourgeons terminaux. C'est ce que l'on appelle *écimer*; on enlève de même les bourgeons qui naissent latéralement sur la tige, dans les aisselles des feuilles; l'on a soin aussi de bien sarcler les champs de tabac.

Pendant les mois de mars et d'avril, on coupe au fur et à mesure de leur maturité, les pieds de tabac en entier, et non feuille par feuille, en se laissant guider par l'époque, et l'on ne récolte pas, comme à la *Vuelta de abajo* chaque feuille au moment de sa maturité. Lorsque les plants sont tous coupés par le pied, on les laisse exposés pendant quelque temps au soleil, sans doute afin qu'ils perdent plus facilement l'humidité acquise par la rosée de la nuit précédente. Cette opération se nomme en langage de planteurs : *amortissement*. Les plants étant ainsi bien échauffés par le soleil, l'on a soin de les retourner, afin que l'humidité s'évapore mieux, et pour que la fermentation nécessaire puisse se développer moyennant les réactions qui ont lieu entre les sucs de la plante. Quelques planteurs coupent le tabac le soir et le laissent exposé à la rosée de la nuit; mais j'ai cru remarquer que c'était là une routine vicieuse ; car je pense que, dans ce cas, la rosée qui est si abondante dans ces régions ne peut manquer de s'opposer au mouvement de la fermentation qui a commencé dès que le tabac a été coupé au soleil; il s'ensuit que cette rosée fait pourrir la plante, parce qu'elle la prive des réactions dont ses sucs ont besoin pour produire la fermentation.

Quelle que soit, du reste, la manière adoptée dans ce cas, dès que la plante est coupée, on la porte aux hangars à tabac, et réunissant les tiges deux par deux au moyen d'un lien de palmier *yarery*, on les suspend contre les parois à claire-voie de ces hangars, afin que l'air les dessèche ; lorsque le temps est humide, on opère la dessication au moyen du feu que l'on allume dans les hangars; on a soin d'arranger le feu de manière à ce qu'il donne peu de fumée, car la grande quantité de fumée dessècherait trop le tabac.

Dès que le tabac est complètement sec, tout en conservant cependant une certaine mollesse, l'on réunit une certaine quantité de tiges et l'on en forme des tas de moyenne dimension, dans un endroit sec et à l'abri de l'air ; on couvre les tas avec des feuilles sèches de platane que l'on recouvre de planches, et on charge ces planches pendant deux ou trois jours d'un poids considérable ; on fait par ce moyen rendre au tabac sa matière glutineuse ; on nomme à la Havane cette opération : *faire passer la fièvre au tabac*. Quand le tabac, après avoir été ainsi pressé, est devenu mou, on enlève le poids et les planches et on passe à l'opération du triage qui consiste à mettre à part les meilleures feuilles dont on fait de petits tas. On réunit ensuite les feuilles en plaçant toutes les tiges dans le même sens ; on poursuit l'opération du triage sur ce qui reste, en faisant des catégories de feuilles d'après leurs degrés de qualité On forme de toutes ces catégories des *manoques* que l'on réunit de nouveau en tas dans un lieu sec et peu ou point ventilé. Ce tas porte le nom de *pilon*. Enfin l'on forme avec ces manoques attachées les unes aux autres au moyen de quatre liens de palmier, des ballots ou *tercios* ; mais avant de former les ballots, on classe le tabac en quatre sortes ou qualités qui portent les désignations suivantes, savoir : *largo*, *corton*, *corto*, *geshecho* ; ce qui revient en français aux désignations de *long*, *demi-long*, *court* et *brisé*, et c'est lorsqu'il est ainsi classé qu'on le présente au marché.

Chaque *tercio* est évalué au poids de 110 à 120 livres espagnoles de 12 onces. Dès que le tabac est en route pour être livré à la consommation ou à l'exportation, les planteurs abandonnent leurs métairies, après avoir coupé tous les plants et tous les rejets de tabac, et après avoir récolté sur un certain nombre de pieds parvenus à une parfaite maturité, la semence dont ils peuvent avoir besoin; les pieds portant semence sont réunis en tas et conservés ainsi jusqu'au prochaines semailles.

Ce qui précède se rapporte aux procédés de culture employés dans les métairies si renommées du canton de Mayari. Voyons maintenant comment on dirige ces cultures dans d'autres métairies non moins renommées de cette même *Vuelta de arriba.*

A peine étais-je débarqué à la pointe *Santiago de Cuba*, située à la côte sud de la limite orientale de l'île, que je n'appris pas sans un certain sentiment d'orgueil national, que dans les montagnes circonvoisines vivaient les descendants de ces 30,000 Français qui, au commencement de ce siècle, vinrent les peupler et les couvrir de plantations de caféiers; hôtes bienfaisants et éclairés, qui garnirent de vergers les sommets jusque-là inaccessibles des montagnes, devenus aujourd'hui des citoyens espagnols, modèles de subordination aux lois du pays, d'application au travail quant à la culture, et de savoir-vivre quant aux exigences de l'ordre social (1). Ce que je venais d'apprendre en débarquant, accrut le désir que je pouvais avoir de visiter ces contrées; aussi me rendis-je le plus tôt possible auprès de leurs habitants.

Voici comment je m'exprimais à leur égard dans une des lettres que j'ai livrées à la publicité: « MM. L. Jay,
» Durouti et Casamayous, propriétaires dans ces régions,
» répandent sur ce sol si privilégié, le fruit de leurs
» lumières, de leurs observations et de leurs innova-
» tions. Ces ont les dignes successeurs des Français qui,
» à un moment donné, apportèrent dans cette partie de

(1) Nous citons avec d'autant plus de plaisir ce passage de l'auteur espagnol que nous interprétons, que c'est un juste hommage rendu à nos concitoyens. *(Note du traducteur.)*

» l'île de Cuba leurs capitaux et leurs méthodes de cul-
» ture, et qui plus tard, à l'époque des révolutions eu-
» ropéennes, en furent bannis. Français par le sang,
» mais devenus Espagnols, les uns par les exigences de
» leur intérêt, les autres par leurs nobles procédés, ils
» donnent un précieux exemple de ce que pourrait de-
» venir ce pays, si tous ses habitants imitaient la sur-
» veillance continuelle qu'ils exercent sur leurs pro-
» priétés, leur application au travail et leurs fructueux
» efforts en tout genre. Non contents de rendre à l'Espa-
» gne et à cette île en particulier, ces services signalés,
» ils m'ont encore honoré de leurs bons offices et de leur
» amitié. »

Accueilli de la manière la plus gracieuse par un de ces messieurs dans sa métairie de *Arroyo-Hondo*, je lui ai posé relativement à la culture du tabac dont il s'occupe, une série de questions auxquelles il a répondu en français, et que je traduis ici le plus fidèlement possible.

Première question. — Quelle méthode suit M. Casamayous dans sa métairie, relativement à la culture du tabac?

Réponse. — Ce qu'il y a d'essentiel et de plus difficile dans la culture du tabac, c'est le choix des époques auxquelles il convient de faire les semis pour obtenir une complète réussite. On procède aux premiers semis à la fin de juillet ; aux seconds, en août ; aux troisièmes, en septembre, et aux quatrièmes, en novembre. Ces derniers semis ne se font que lorsqu'on a manqué les précédents.

Les semis faits en juillet donnent de jeunes plants susceptibles d'être repiqués en septembre ; toutefois, la réussite de ces semis est rare, par suite du manque habituel de pluies dans cette saison. Les seconds semis (ceux faits en août) se repiquent en octobre, et les deux derniers (ceux de septembre et de novembre) sont repiqués en novembre, décembre, janvier et février. A partir de cette époque, il ne faut plus faire de plantations, parce que les grandes pluies d'avril et de mai, et surtout la grande quantité d'insectes qui apparaissent à cette époque, débilitent le tabac.

La difficulté de la réussite des plants s'explique facilement, si l'on tient compte de la nature de la semence et de la délicatesse de la plante à sortir de terre, alors qu'un degré de chaleur, même très-modéré, la brûle, ou qu'une humidité un peu trop forte la pourrit. Il est donc essentiel que le planteur ait la précaution d'abriter le terrain destiné aux semis, en y plantant, un mois avant l'époque des semis, quelques tiges de maïs par chaque deux pieds carrés ou même moins. Mais si l'on s'aperçoit que les jeunes plants se ramollissent par suite de la grande abondance des pluies, l'on doit arracher immédiatement une ou deux rangées de ce maïs, selon qu'on le juge convenable, et lorsque le plant de tabac est arrivé à présenter, en circonférence, l'étendue d'une once espagnole (1), ou, ce qui revient au même, lorsqu'il a ses quatre premières feuilles, l'on peut nettoyer et découvrir immédiatement le terrain ; opération qui accélère d'une manière incroyable le développement du tabac, et qui fait qu'on peut le repiquer dès qu'on le juge en état de résister à l'ardeur du soleil. L'alignement des plants doit se faire du nord au sud, afin qu'au fur et à mesure qu'ils s'élèvent, ils puissent s'ombrager mutuellement.

Lorsque ces plants sont bien enracinés et que les feuilles commencent à pousser, on doit avoir grand soin de les débarrasser des nombreux insectes qui pullulent autour d'eux et qui les dévorent. Les principaux de ces insectes sont les vers blancs, qui s'enveloppent dans la feuille pour la ronger; les vers ardents, qui naissent dans le cœur même de la plante et qui la brûlent; la chenille *cogollera*, qui naît également dans les jeunes feuilles dont elle fait sa pâture; le *cachazudo*, autre

(1) L'once espagnole (monnaie d'or de 85 francs) est un peu plus grande qu'une pièce de 5 fr.

chenille qui vit sous terre, qui grimpe à la plante pendant la nuit, et qui coupe complétement les feuilles et même la tige quand celle-ci est tendre ; enfin la *primavera*, énorme chenille, ainsi dénommée parce qu'elle n'apparaît en grand nombre que pendant avril et mai, et parce qu'elle détruit, en vingt-quatre heures, le pied de tabac le plus complet et le plus vigoureux. Par conséquent, jusqu'à ce que le tabac soit arrivé à toute sa croissance, le planteur ne peut s'occuper qu'à le délivrer de tant d'ennemis divers.

L'habitude des planteurs est, en général, d'écimer le tabac jusqu'à la hauteur du genou ; quant à moi, je n'ai point établi de règle à cet égard dans ma métairie, et ce qui me dirige dans cette importante opération, c'est le plus ou moins de vigueur que peut avoir le tabac.

Puis vient l'ébourgeonnage, qui a pour but d'enlever à la plante tous les bourgeons, et qui se pratique quatre ou cinq fois avant la maturité des feuilles, laquelle maturité s'annonce par la présence de certaines taches plus ou moins jaunâtres, suivant la saison et l'époque de l'année. Lorsque les feuilles sont mûres on les coupe, on les porte aux hangars à tabac recouverts de chaume ; là on les suspend les unes à côté des autres, ni trop rapprochées, afin qu'elles ne se pourrissent pas par suite de la fermentation ; ni trop distantes, pour qu'elles ne se dessèchent pas trop vite par suite de l'action de l'air. En ne séchant que peu à peu, les feuilles de tabac passent du vert au jaune clair, puis au jaune rougeâtre. En cet état il convient de les mettre en presse, ce qui s'exécute de la manière suivante : on réunit le tabac en gros paquets et on empile ces paquets dans un local spécial ; on couvre les tas de manière à les préserver complétement des atteintes de l'air, et on les charge avec un poids considérable (1). La fermentation se développe, et, par

(1) Ce n'est que le matin qu'on peut commencer à mettre le tabac à la presse, car ce n'est qu'alors qu'il possède la flexibilité voulue et qui est le résultat de l'humidité de la nuit.

cette opération, le tabac acquiert sa qualité, sa couleur et son poids.

On laisse le tabac sous presse plus ou moins longtemps, selon l'état de l'atmosphère ; car si elle est humide, trois jours et quelquefois deux suffisent ; si elle est sèche, l'opération peut continuer cinq, six et même huit jours. Après l'un ou l'autre de ces laps de temps, on enlève les poids, on fait le triage des feuilles, l'on sépare les feuilles entières destinées à former les enveloppes des cigares, des feuilles en partie brisées ou déchirées qui doivent servir à former le cœur des cigares. Quand le triage est fait, l'on réunit ces diverses espèces de feuilles en petits paquets ; avec ces paquets, l'on forme les manoques, après avoir étiré et élargi les feuilles. Les manoques sont amoncelées dans un local parfaitement clos et surtout bien sec, jusqu'à ce qu'on les réunisse en ballots au moyen de liens faits avec l'écorce de la partie supérieure du palmier. Chaque ballot contient nécessairement un nombre indéterminé de manoques, en raison de la dimension ou du poids des feuilles.

Je terminerais ici ce que j'avais à dire sur la culture et sur la préparation du tabac, dit M. Casamayous, si je ne croyais nécessaire de donner quelques autres préceptes. Si pendant la dessication, on remarque que la fermentation est occasionnée par l'humidité atmosphérique (chose que la pratique seule peut enseigner au planteur), il est urgent de combattre cet état en allumant du feu dans les hangars, et surtout en faisant beaucoup de fumée. Lorsque surviennent des temps pluvieux, il faut sans perdre de temps préparer le tabac, sans cela il se gâte en très-peu de jours ; car plus il renferme de principes mucilagineux, plus il est sensible à l'action atmosphérique, et plus aussi il se moisit ou se pourrit promptement et devient ainsi impropre à tous les usages. Quand on fait le triage du tabac, il faut aussi éviter que l'air et surtout le vent ne le dessèchent trop complétement, car dans ce cas le tabac devient friable et ne possède plus la flexibilité nécessaire pour supporter l'action de la presse.

Enfin, le planteur ne doit pas perdre de vue ce qui a été dit relativement aux diverses époques des semis du tabac et à la gradation de son développement pendant chacune de ces époques: ainsi, les semis de la première époque exigent soixante jours; ceux de la deuxième époque, cinquante jours; ceux de la troisième, quarante jours; enfin, ceux de la quatrième, trente jours. Cette progression descendante est motivée par la diminution des pluies abondantes qui retardent d'une manière remarquable le développement de la plante, et c'est ce qui fait qu'on s'accorde généralement à désigner le mois de décembre comme l'époque la plus favorable aux semis. Il s'écoule de deux à trois mois entre le moment où l'on sème et celui où l'on coupe le tabac; il faut de quarante à cinquante jours pour que sa dessication soit complète, et par conséquent de cent vingt à cent quarante jours depuis les semis jusqu'au moment où l'on peut le livrer au commerce.

Deuxième question. — Quelles sont les améliorations qui ont été apportées à la culture du tabac et quelles sont celles dont elle est susceptible ?

Réponse. — Depuis que l'on cultive le tabac, cette culture, de même que toutes les autres, a éprouvé un grand nombre de modifications. Dans le principe, on laissait prendre au plant de tabac tout le développement dont il est susceptible, et à mesure que les feuilles mûrissaient, on les arrachait et on les faisait sécher au soleil qui absorbait une partie de son arôme et de sa force. Plus tard, on mit les feuilles sécher à l'ombre sur des tablettes superposées; aujourd'hui, on écime la plante, opération qui a pour objet le développement des feuilles et l'augmentation de son principe actif et de son poids; car ainsi, on force la sève à se partager entre un nombre plus restreint de feuilles.

La méthode que l'on a prise depuis peu de temps, de couper au pied le plant de tabac garni de toutes ses feuilles, n'a été motivée que par la diminution du prix de revient du tabac, et cette diminution elle-même est occasionnée par la plus grande quantité de produit obtenu. En effet, en employant cette méthode, un nègre peut cultiver 15,000 pieds de tabac, tandis que par le système qui consiste à récolter les feuilles au fur et à mesure de leur maturité, il ne pouvait soigner que 5,000 pieds. A la vérité, dans les métairies de la *Vuelta de abajo*, on suit la première de ces méthodes; mais si l'on obtient un résultat favorable, on le doit plus à la grande réputation dont jouissent les produits de ce canton et au prix élevé auquel on vend ces produits qu'à la bonté de la méthode.

L'agriculture étant encore dans ce pays sous l'empire de la routine, il s'ensuit que personne ne se hasarde à faire du nouveau, dans la crainte que les améliorations ne reçoivent pas l'approbation qu'elles mériteraient. Ainsi, par exemple, au lieu de mettre le tabac en manoques avant d'étirer les feuilles afin de les obtenir avec tout le développement de surface dont elles sont susceptibles, il suffirait de les dérouler et de les placer par couches dans des caisses, et de cette façon il y en aurait très-peu de brisées, en comparaison de ce qui a lieu par la méthode ordinaire, Dans ce cas, le planteur jouirait d'un prix de vente plus élevé et l'acheteur acquerrait une marchandise meilleure, puisqu'elle lui donnerait moins de déchets; mais dans l'incertitude où l'on est de savoir si ce mode d'opérer aurait tout le succès désirable, on se borne à mettre en pratique le proverbe : Dans le doute, abstiens-toi.

Troisième question. — Quelle somme de travail et d'utilité représente un nègre dans une métairie à tabac ? Combien M. Casamayous en a-t-il et quels bénéfices en retire-t-il ?

Réponse. — En fait de culture de tabac, c'est le nègre

qui fait tout. Il repique, il enlève les insectes, il écime, il ébourgeonne, il récolte, il suspend le tabac sur les perches, il le met sous presse, il fait les manoques, et, en dernier lieu, il fait les ballots ; mais il faut qu'il soit surveillé par des personnes vigilantes et expérimentées ; car il est de sa nature si apathique et si négligent, que, bien qu'il sache faire parfaitement sa besogne, cependant, il l'exécute fort mal, et c'est pour cela que beaucoup de planteurs, qui ne peuvent s'assujétir à la surveillance soutenue qu'exige l'emploi des nègres, préfèrent employer des blancs salariés pour la préparation du tabac, qui est l'opération la plus délicate.

Un nègre peut soigner 15,000 pieds de tabac, lesquels peuvent rendre, lorsque l'année est bonne, 1,500 livres net ; toutefois, il est difficile d'estimer à l'avance le produit d'un nègre avant que le tabac ne soit vendu, en raison même de l'incertitude du rapport à la vente ; c'est pourquoi le planteur ne peut jamais connaître ses bénéfices en les calculant sur ce qu'il a en magasin. Pour mon compte, j'ai cette année 160,000 pieds de tabac, et je n'ai pour les cultiver et pour les récolter que huit nègres ; cependant j'espère avoir de beaux bénéfices, parce que j'ai eu la chance que mes semis ont prospéré, et que par conséquent, j'ai pu repiquer en temps opportun. Mes huit nègres pourront me produire plus de 16,000 livres de tabac ; mais, en raison de ce que j'ai dit plus haut, je ne puis rien dire sur le résultat pécuniaire que j'obtiendrai.

Quatrième et cinquième question. — Le sujet de ces questions étant spécial à la Havane, il nous a paru oiseux de les traduire,

Sixième question. — Que pourrait faire le gouvernement espagnol en faveur de l'industrie du tabac et de son plus grand développement ?

Réponse. — Il est incontestable que le tabac de l'île de Cuba est le meilleur que l'on connaisse, et que sa réputation, si légitimement acquise, est si générale, qu'il est recherché par les fumeurs de tous les pays. Le café de notre île, son sucre et son coton ont trouvé des rivaux, son tabac n'en connaît point. Le devoir du gouvernement est donc de chercher par tous les moyens en son pouvoir à étendre la culture du tabac, en lui accordant une protection illimitée, et pour cela il suffit de diminuer les droits énormes qui pèsent sur cet article (1).

(1) Bien que cette 6e question et la réponse qui y est faite n'aient pas un intérêt direct pour nos planteurs algériens, toutefois, au moment où la question du libre échange est à l'ordre du jour, nous avons pensé qu'il était bon de faire connaître les appréciations d'un Espagnol relativement au vieux système de douanes qui pèse encore si généralement sur les diverses nations du globe, et qui entrave si lourdement la marche de l'humanité. La question nous parait cependant bien simple à trancher, quant à ce qui a rapport aux produits que nous appellerons spéciaux. Ainsi, par exemple, la Bourgogne produit un vin spécial; l'on aura beau planter en Espagne ou en Italie des ceps de la Bourgogne, l'on obtiendra sans doute de bon vin, mais il n'aura ni le bouquet, ni la saveur spéciale aux divers vins de la Bourgogne ; de même, plantez de la vigne de Xerez en Bourgogne ou en Provence, vous n'obtiendrez pas de vin de Xerez. Il en sera de même aussi pour le tabac de la Havane, et l'on n'obtiendra nulle part ailleurs que dans l'île de Cuba, du tabac ayant cet arôme particulier qui décèle son origine ; donc, frapper de droits de douanes quelconques un produit spécial, c'est faire, à notre avis, un contre-sens en matière d'économie sociale.

Les partisans du système des prohibitions ont répété sur tous les tons, que les douanes *protégeaient* l'industrie nationale. Nous pensons que c'est là une erreur capitale; nous concevons bien qu'il y ait quelque apparence de raison à dire, par exemple, qu'en frappant d'un droit d'entrée les cotons étrangers ouvrés, l'on favorise la fabrication française; mais peut-on dire de même que c'est pour favoriser l'industrie du tabac français, que l'on frappe d'un droit équivalent à une prohibition, le tabac spécial de la Havane? Quels que soient les efforts que fassent les planteurs de France, obtiendront-ils jamais autre chose qu'un détestable tabac? Pourquoi donc s'opiniâtre-t-on à nous le faire fumer? Chaque région du globe a ses produits spéciaux, et l'on ne fera pas plus de tabac de la Havane en France que l'on ne fera à la Havane du vin de Bordeaux. Echangeons donc librement nos produits des diverses régions du globe, et si la culture du tabac en France souffre par suite de l'introduction libre du tabac de Havane; par contre, les Havanais, que cette franchise enrichira, puisqu'elle augmentera considérablement leur production, viendront nous acheter dix fois plus de vin de Champagne ou de Bordeaux qu'ils ne font aujourd'hui, et en fin de compte tout le monde y gagnera. (*Note du traducteur.*)

Par suite de cette mesure, cette branche d'industrie prendrait immédiatement des proportions considérables ; et cette augmentation de produits se concevra facilement, si l'on considère qu'un homme seul suffisant à cultiver une métairie et à faire la récolte, préférerait, au lieu de se louer comme journalier, se livrer à un travail qui le mettrait à même de faire chaque année des bénéfices, qui deviendraient considérables du moment où la valeur du tabac augmenterait en raison de la suppression d'une partie des droits d'entrée exorbitants que la métropole fait peser sur cet article de commerce. Et la métropole elle-même trouverait son compte à l'augmentation de l'importation, puisque cette augmentation empêcherait la contrebande.

Les réponses que je viens de citer démontrent jusqu'à l'évidence l'expérience et le talent qui caractérisent en général les agriculteurs français que j'eus le plaisir de rencontrer dans l'île de Cuba, et leur supériorité en ce qui concerne les diverses cultures intertropicales auxquelles ils se consacrent. Dotés de connaissances générales au point de vue des sciences physiques (antécédents qui font le plus souvent défaut aux agriculteurs espagnols), les planteurs français réunissent à ces principes théoriques, le résultat de l'observation et de l'expérience, ainsi qu'on peut en juger par les réponses ci-dessus.

Toutefois, je dois faire remarquer que parmi les conseils donnés par M. Casamayous, il y en a que l'on ne saurait admettre, ainsi que j'ai pu m'en assurer depuis, en parcourant d'autres métairies.

M. Casamayous dit à la fin de la première réponse que si, pendant la préparation du tabac, on s'aperçoit que la fermentation est causée par l'humidité, l'on doit promptement y porter remède en allumant du feu dans les hangars à tabac et en faisant surtout beaucoup de fumée. Mais cet excès de fumée peut dessécher outre mesure la feuille, et nous avons vu plus haut comment s'y prennent les planteurs de Mayari pour remédier à cet inconvénient.

Dans sa seconde réponse, M. Casamayous vante la méthode qui consiste à couper le tabac au pied, et il suppose que les résultats que l'on obtient à la *Vuelta de abajo*, en employant la méthode contraire, qui consiste à enlever sur le pied les feuilles à mesure de leur maturité, sont dus plutôt à la renommée attachée aux produits de ce canton, qu'à l'excellence de cette opération minutieuse. Je ne puis être non plus ici de l'avis de M. Casamayous ; son procédé peut procurer une économie de main-d'œuvre, mais il ne procure point à coup sûr des feuilles d'égale maturité. Je ne puis non plus lui accorder que le tabac de bonne qualité de la *Vuelta de abajo* soit inférieur à celui de la première qualité de la *Vuelta de arriba*. Le second pourra être plus fort que le premier pour des motifs indiqués par M. Casamayous, mais le mode de culture employé à la *Vuelta de abajo* étant en général plus intelligent que celui de la *Vuelta de arriba*, le tabac du premier de ces cantons donne une feuille ayant moins de nervures, une suavité plus exquise, et par-dessus tout une préparation mieux étudiée, surtout eu égard aux exigences de l'exportation et du transport maritime.

Quant aux autres remarques faites et aux autres indications données par M. Casamayous, elles sont toutes justes et judicieuses.

Maintenant, je me permettrai de donner mon opinion personnelle relativement aux deux méthodes dont j'ai parlé, avant de citer le résultat de ma conversation avec M. Casamayous.

Ainsi qu'on peut le remarquer à propos de ces deux méthodes, le manque d'amendement des terres est la première chose dont nous devons nous occuper. J'ai déjà dit que, sur plusieurs points de la *Vuelta de abajo*, on commence à amender les terres de quelques métairies, et cela par suite du manque absolu de terres vierges couvertes de leurs futaies primitives. Mais cette manière de faire n'est encore adoptée que par un petit nombre de planteurs, et la presque généralité des personnes adonnées à la culture du tabac suit rigoureusement la méthode qui consiste à laisser reposer pendant un an les terres, sans les faire servir à aucune espèce de culture, et c'est de cette manière seulement qu'on les prépare à produire le tabac. Il semble impossible que cette nécessité de laisser reposer les terres, et les prodigieux résultats que donnent à la *Vuelta de arriba* les terres nouvellement défrichées lorsqu'on y plante du tabac, ne démontrent pas aux uns comme aux autres la nécessité de régulariser le système des amendements, en leur faisant voir combien les bons résultats de la culture du tabac dépendent de la composition du sol, et combien cette plante se plaît dans les terres légères. Il ne faut qu'examiner la structure capillaire de la racine du tabac, pour se rendre compte de sa force végétative et de la quantité de sucs qu'elle enlève à la terre, la laissant ainsi complétement appauvrie, à moins qu'on ne répare ces pertes au moyen d'une addition de nouveaux principes végétaux et de fumiers.

Pour comble d'absurdité, certains planteurs prétendent que la culture du tabac par elle-même amende la terre. Ceci est d'autant plus difficile que la racine de cette plante est peu centrale, très-fibreuse et que, comme dit un auteur : « les dépouilles que le tabac « abandonne aux champs ne sont point assez considé- « rables pour restituer à la terre autant de principes « végétatifs qu'il lui en a enlevé. Toutefois, continue le « même auteur, si l'on se contentait de récolter un pe- « tit nombre de feuilles et si l'on enterrait le reste de « la plante, on parviendrait à donner à la terre une sorte « d'engrais, et alors on pourrait dire avec justesse que « le tabac amenderait la terre ; mais si l'appât du gain « pousse à récolter la totalité des feuilles et à laisser « la tige complètement dépouillée, je ne crains pas de

« dire que cette culture appauvrira la terre. »

Il conviendrait donc que la méthode des amendements se généralisât et que, si les terres n'étaient pas amendées au moyen du fumier résultant d'un nombre suffisant de bestiaux, ce qui devient cependant facile dans le cas où les planteurs et leurs familles habitent les métairies pendant toute l'année, elles fussent au moins amendées, ainsi que l'indique M. la Sagra, en mêlant aux plants de tabac un végétal quelconque de croissance rapide et présentant beaucoup de parties herbacées; cette plante auxiliaire serait coupée avant sa floraison et laissée à la surface du sol. On pourrait encore arracher tous les plants de tabac dès qu'on aurait récolté les feuilles et avant la floraison, ainsi qu'il a été dit plus haut.

Enfin, le planteur ne devrait jamais perdre de vue que le mode d'exposition des champs de tabac influe sur la qualité du produit tout autant que la nature intime du sol ; et que, toutes choses égales d'ailleurs, l'exposition au sud sera toujours la meilleure, et celle au nord la plus mauvaise.

Traduction, par extraits,
de la brochure de Don José Maria DAU, intitulée
MANUEL DEL VEGUERO, **publiée à la Havane en 1847.**

I. — *Du terrain qui convient au tabac.*

Quelle que soit l'exposition d'un terrain dans notre île, il est favorable aux semis de tabac ; cependant les vallées doivent être préférées, car outre que les eaux les abandonnent promptement, elles sont encore garanties des vents violents du nord, soit par des bois de haute futaie, soit par les cimes des montagnes.

Une longue expérience, basée sur l'opinion générale, enseigne qu'il existe deux espèces de terrains dans lesquels on récolte le meilleur tabac : 1° Les terrains sablonneux contenant environ un quart de terre légère composée de détritus végétaux ; 2° ceux qui sont formés de deux parties de terre végétale de bonne qualité et d'une partie au moins de sable fin.

Les terrains argileux et ceux qui conservent beaucoup d'humidité ne conviennent en aucune manière au tabac, à moins qu'on ne les dispose de telle sorte qu'ils aient les propriétés de l'une des deux variétés de terrains dont nous venons de parler.

Bien que les terrains n° 1 et n° 2 soient les plus propres à la culture de la variété de tabac récolté dans l'île de Cuba avec tant d'avantages, cependant le climat de cette île est si favorable à cette plante, qu'on peut en récolter avec plus ou moins de succès dans toutes les sortes de terrains, et que le tabac provenant des terrains les plus mauvais est encore préférable au meilleur tabac de n'importe quel autre pays. Ceci n'a nullement besoin de preuves, car tout le monde sait que le tabac de l'île de Cuba n'a de rival dans aucune partie du monde.

Les terrains n° 1, qui, ainsi que je l'ai dit, sont composés de sable et d'un quart de parties végétales réduites en terreau par la décomposition, sont les meilleurs pour la production du tabac fin, soyeux et jaune qu'aiment tant les étrangers, qui sert à faire le *Regalia*, lequel a le privilége de parfumer les palais des rois et se paie au poids de l'or. Il n'est donc pas étonnant que tous nos planteurs soient d'accord pour dire que c'est la terre qui fait le tabac jaune.

La 2e espèce de terrain (deux parties de bonne terre et une partie de sable fin) donne le tabac de qualité supérieure, de couleur canelle plus ou moins claire, et qui est celui que les Espagnols préfèrent.

II. — *Des amendements.*

Les meilleures terres, de même que toutes les autres, se fatiguent de produire du tabac, parce que la partie composée de détritus végétaux arrive à perdre sa puissance végétative à force de produire, et le monde sait que le sable est complétement dépourvu de cette puissance végétative quand il n'est pas mélangé à d'autres substances. Donc, le terrain ainsi épuisé a besoin d'être amendé ; et la raison nous indique qu'il faut y ajouter la quantité nécessaire de détritus contenant toute leur puissance végétative.

En partant de ce principe incontestable, il paraît, et l'expérience me l'a démontré, que le meilleur engrais est celui qui résulte de matières végétales bien putréfiées ; car j'ai remarqué plus d'une fois que le fumier de mouton si préconisé par M. Gruet, tout en procurant à la terre une force de végétation extraordinaire, donne un tabac grossier, à nervures multiples, de couleur brun-clair, très-grand et qui ne brûle pas bien. Le fumier de cheval est le seul qui ne cause pas tant de dommages, lorsqu'on l'emploie convenablement. Quant au fumier de bêtes de l'espèce bovine, bien qu'il n'ait pas les qualités de celui de cheval, cependant il réchauffe modérément la terre et lui communique une certaine onctuosité qui ne nuit pas.

L'on peut conclure de tout ceci que l'engrais qui convient mieux que tout autre aux deux espèces de terrains dont nous avons parlé, ainsi qu'à beaucoup d'autres, doit être composé de végétaux en putréfaction et réduits presque à l'état de terreau, et d'un quart de fumier de cheval et de vache pulvérisé.

Toutes les plantes peuvent servir à la composition de cet engrais, mais les substances les plus essentielles à sa formation, sont : toutes les balayures de tabac provenant des séchoirs ; les nervures enlevées des feuilles de tabac par les ouvriers qui manipulent cette plante, et le genêt arraché avec toutes ses racines. Viennent ensuite toutes les plantes qui couvrent les prairies, les roseaux du pays, les sommités desséchées des tiges du palmier, etc. ; l'on peut ajouter à toutes les substances précédentes, lorsqu'il y a nécessité de réchauffer davantage la terre, les balayures de maisons, des étables à porcs, des colombiers et des poulaillers. La fiente de pigeons est si stimulante qu'il faut ne l'employer qu'avec beaucoup de réserve, et elle ne doit entrer tout au plus que pour un centième dans la composition de n'importe quel engrais.

Pour plus de clarté, nous donnerons le nom de *compost fertilisant* à l'engrais formé de plusieurs substances diverses, et nous réserverons le nom d'*engrais* à chacune des substances qui contribuent à la formation du *compost*.

Pour former un *compost fertilisant*, on entassera sous un hangar en chaume toutes les substances ou *engrais* indiqués ci-dessus, en alternant les couches au fur et à mesure qu'on les recueillera; augmentant ou diminuant telle ou telle substance, selon l'espèce de *compost* exigé par la nature du terrain que l'on veut fertiliser. L'on répandra chaque jour sur ces matières, deux ou trois arrosoirs d'eau, ou davantage, selon la grosseur de chaque tas que l'on formera. Nous croyons devoir indiquer quelle doit être la grosseur des tas, afin d'éviter toute incertitude dans la pratique.

Lorsque le tas de *compost* a atteint trois mètres de hauteur et sa base cinq ou six mètres de diamètre, on l'entoure de piquets enfoncés verticalement en terre, et qui ont trois mètres hors de terre; on revêt cette enceinte, en dehors, d'un double rang de roseaux; on place également des roseaux assujétis à l'aide de crochets en bois. On continue à former le tas avec les engrais convenables; la partie supérieure doit avoir la forme d'un cône; et l'on recouvre ce cône d'une couche de terre de vingt centimètres d'épaisseur. Cette terre est prise à la superficie du sol des montagnes; on peut remplacer la terre par de la boue prise dans quelque ravin, ou par du limon de rivière ou de marais. Le revêtement s'applique après avoir été au préalable pétri avec de l'eau, afin que le *compost* soit couvert de telle sorte que les gaz résultant de la fermentation des divers engrais ne puissent en aucune façon s'échapper (1).

La terre dont est formé le sol des forêts, est presque entièrement composée de détritus végétaux, et par conséquent, c'est un engrais tout préparé et très-riche.

On prépare de la même manière autant de tas de

(1) En cela, les Havanais sont beaucoup plus avancés que nos paysans français qui accumulent leur fumier devant leur maison, et qui ne s'en servent qu'après qu'il a subi pendant six mois ou un an toutes les influences atmosphériques et qu'il a perdu, par conséquent, ses principes fertilisants. (*Note du traducteur.*)

compost fertilisant qu'on en a besoin pour fumer convenablement le terrain destiné soit aux semis, soit au repiquage.

Un bon journalier travaillant toute l'année suffit à préparer la quantité de *compost* nécessaire pour bien fumer un huitième de *caballeria* (162 ares); et l'on doit faire des sacrifices pour conserver un ouvrier qui remplit cette tâche indispensable avec intelligence et activité.

Tout planteur de tabac doit avoir sans cesse présent à l'esprit que la misère et le découragement sont la conséquence infaillible du manque de soin à bien préparer les terres au moyen du *compost* approprié à chacune d'elles ; car il aura beaucoup plus de bénéfices en ensemençant ce qui lui est strictement possible, et avec tous les soins nécessaires et dans les conditions convenables, qu'en plantant plus qu'il ne peut, au risque de se fatiguer outre mesure et de n'obtenir que des récoltes insignifiantes, si la terre n'a point été suffisamment préparée.

Tout cultivateur qui fumera ses terres avec intelligence, aura moins de travail, et il sera largement rémunéré par d'abondantes récoltes.

Il semble qu'il n'y aurait rien à ajouter pour exciter nos planteurs à fumer leurs terres; mais, comme je considère ce point comme le plus essentiel pour l'agriculture, car sans un sol fertile, il n'y a rien à espérer, quand bien même toutes les autres opérations de la culture seraient exécutées de main de maître, je dois rappeler aux planteurs ce qu'aucun d'eux n'ignore, à savoir que pour faire les semis de tabac, il est nécessaire, et même indispensable de chercher un terrain vierge de toute culture, ou encore un endroit qui ait servi de parc à cochons ou de basse-cour, et qui, par conséquent ait été bien fumé. Les planteurs savent aussi que, dans les endroits où l'on a l'habitude de jeter les ordures des maisons, le tabac pousse grand et de bonne qualité;

tandis qu'on a remarqué qu'en dehors de ces endroits, la feuille est petite, et que la plante ne prospère pas.

Tous les planteurs, dis-je, sont pénétrés de l'exactitude de ces observations ; mais comme jamais ils n'ont pensé à fumer leur terres, cette opération, si simple en elle-même, leur paraît impossible ; et cependant il suffirait, dans chaque canton, de quelques exemples donnés pour déraciner un si pernicieux préjugé. Quelques propriétaires ont fumé leurs métairies, et bien qu'ils ne l'aient pas fait avec tout le soin nécessaire, toutefois ils sont revenus de leur erreur, car ils ont pu se convaincre que, sans engrais, il est impossible de faire produire du tabac à des terres fatiguées. Les propriétaires dont je parle se sont décidés à fumer leurs terres, lorsqu'ils eurent pris connaissance de la première édition de mon *Manuel du planteur de tabac ;* ils ne l'avaient pas fait auparavant, parce qu'ils étaient imbus de ce préjugé : que la terre fumée produisait du tabac grand, mais de mauvaise qualité. Il est bien possible que cela arrive, lorsque le *compost* est formé d'engrais non convenables : mais que l'on forme un *compost* de la manière ci-dessus indiquée, qu'on l'applique avec intelligence, et l'on sera tout étonné des bons résultats que l'on obtiendra.

Ce que nous venons de dire relativement à la composition du *compost fertilisant* se rapporte à la 1re classe de terrains, c'est-à-dire aux terrains sablonneux contenant environ un quart de terre légère composée de détritus végétaux.

Le même *compost fertilisant* convient pour la 2e espèce de terrains (ceux qui sont formés de deux parties de terre végétale de bonne qualité et d'une partie au moins de sable fin) ; il faut toutefois y ajouter une plus forte proportion de fumier de cheval non pourri ; et ceci doit se faire, parce que ces terres contiennent moins de sable que les terrains n° 1, et parce que le fumier de cheval a la propriété de s'interposer, comme le sable, entre les particules de la terre, de la diviser et de la rendre légère, vu qu'il contient beaucoup de paille dont les brins, n'ayant que quelques lignes de longueur, font l'office de sable. Et il faut bien remarquer que la légèreté de la terre ou sa spongiosité est chose de première importance pour presque toutes les cultures, mais surtout pour celle du tabac.

Aussi, c'est pour cela qu'il faudrait que les terrains continssent toujours du sable dans la proportion indiquée pour la 1re classe. Il s'ensuit que, si l'on ajoutait du sable fin au *compost fertilisant*, comme le sable ne se détruit pas, ce serait une amélioration continue que les terrains recevraient, jusqu'à ce que l'on en eût introduit les proportions suffisantes. Le sable fin n'est pas chose difficile à se procurer, et quand bien même cela serait, on devrait encore faire des sacrifices rationnels pour s'en procurer; cinq ou six charretées de sable fin chaque année ne constituent pas une dépense exagérée, et, au bout de quelques années, un huitième de caballeria (162 ares) aurait reçu la quantité de sable fin nécessaire à transformer le terrain.

On peut se servir, à cet effet, du sable qui sert dans les tuileries à la fabrication des poëlons en terre; cette sorte de sable est excellente, on en rencontre presque partout; il y a aussi de très-bon sable au bord des rivières et des ruisseaux, ainsi que dans les vallées profondes. Si l'on habite à une faible distance de la mer, on peut aussi prendre sur ses bords du sable, que l'on passe à travers un crible, afin d'en enlever les coquillages.

Si, convaincus par le raisonnement et par l'expérience, les planteurs s'appliquaient à faire éprouver cette importante modification aux terrains destinés à la culture du tabac, il ne manquerait pas de spéculateurs qui se chargeraient, moyennant un prix modique, de fournir du sable de bonne qualité; dans tous les cas, il resterait toujours aux planteurs la ressource d'en faire ramasser aux endroits que j'ai indiqués.

Il est impossible que le *compost* que je propose, s'il est convenablement appliqué, ne communique pas à la terre toute la vigueur nécessaire pour qu'elle produise du tabac ayant les dimensions et les qualités particulières au bon tabac. On prétend que les terrains de certaines métairies ne se fatiguent jamais de produire du tabac et toujours de mêmes dimensions, sans qu'il soit nécessaire de les fumer. Ceci est attribué à certaines parcelles de terrains en fort petit nombre ; mais il importe de bien s'assurer s'il ne leur arrive pas de l'engrais d'une manière ou d'une autre ; car, dans le cas contraire, il est certain que ces terrains se fatigueraient comme les autres ; ou bien il faudrait méconnaître une des plus grandes vérités connues, savoir : qu'il n'y a aucune sorte de matière qui, avec le temps, ne subisse un déchet.

Et bien qu'on se croie fondé à admettre qu'il existe des terrains qui n'ont jamais besoin d'engrais, parce qu'on en rencontre de tels sur les bords de certaines rivières, l'observation a fait découvrir des faits qui prouvent le contraire. En effet, les grandes crues d'eau des rivières, qui se reproduisent presque tous les ans, abandonnent sur leurs bords sablonneux un riche dépôt formé en entier de la décomposition des débris végétaux entraînés des forêts jusqu'aux rivières par les grandes pluies qui troublent leurs eaux et qui les augmentent jusqu'à les faire déborder. La même chose se reproduit pour les vallées entourées de collines, puisque les fortes pluies amènent dans ces vallées la terre végétale prise sur les hauteurs : et il est reconnu que les métairies les plus fertiles sont celles situées soit sur les bords des rivières, soit dans les vallées. Tout se réunit donc pour prouver que la terre a besoin d'engrais et que le sable fin mêlé aux détritus végétaux amenés par les pluies forme le meilleur *compost* pour fertiliser la terre à laquelle on veut faire produire du tabac de première qualité. Et si M. Gruet a raison de conseiller l'usage du fumier de brebis, c'est parce que les terres froides d'Europe ont besoin de forts stimulants pour produire le tabac; il est probable que son opinion eût été différente si, vivant au milieu de nos plantations, il eût écrit pour nous autres Havanais; car les seuls engrais animaux que nous puissions faire entrer dans le *compost*, sont les fumiers de chevaux, de mulets et d'animaux de l'espèce bovine.

Pour fumer un terrain qui commence à perdre sa fertilité, il suffit de trois livres de *compost* par chaque *vare* carrée (1). On répand ce *compost* avant le premier labour et, autant que cela est possible, dans l'après-midi de la veille du jour où l'on doit donner ce premier labour. En agissant autrement, on court le risque de voir le compost se dessécher et perdre ses meilleures qualités. Il faut cinq livres de compost par vare carrée pour un terrain qui ne produit déjà plus que du tabac à petites feuilles et à maigre tige; et il faut de six à huit livres pour les terrains qui, à grand'peine, ne produisent qu'un tabac complétement mauvais.

Quant au terrain destiné aux semis, on doit lui appliquer le maximum d'engrais, qui est de huit livres par chaque vare carrée, et l'on a soin de bien le mélanger avec la terre formant la superficie du champ destiné aux semis.

La première chose qui vient à la pensée de quiconque n'a pas vu fumer la terre, c'est de calculer le nombre de livres de *compost* nécessaire à l'amendement d'une *caballeria* de terre entièrement épuisée (13 hectares), et l'on s'effraiera peut-être de trouver que le total s'élève à 1,492,992 livres de compost. On se demande d'où l'on tirera les engrais pour former une aussi énorme quantité de compost. Pouvoir acheter d'aussi grandes masses d'engrais suppose un capital, et il s'ensuit que la cul-

(1) La vare espagnole, mesure de longueur, équivaut à 85 centimètres. Par conséquent, un hectare est l'équivalent de 11,765 vares carrées. Pour fumer un terrain dans les proportions indiquées par l'auteur espagnol, il faudrait de 35,000 à 90,000 kilog. de compost par hectare. *(Note du traducteur.)*

ture du tabac ne pourra plus être une ressource pour les pauvres.

Lorsque la nécessité, cet aiguillon des endormis, obligera à s'aider soi-même et à généraliser la pratique de l'amendement des terres, sauf, dans le cas contraire, à ne rien récolter, il ne manquera pas de travailleurs qui ne feront autre chose que réunir les engrais et préparer le *compost* pour le vendre ; et ces opérations deviendront une branche de commerce si importante, qu'elle emploiera un grand nombre de bras, ce genre de travail pouvant parfaitement convenir à ceux des planteurs actuels qui ne possèdent pas le capital nécessaire pour affermer des terres ; car cultiver le tabac sans posséder le capital nécessaire, c'est vouloir tomber dans les méthodes de culture imparfaites, et vouloir augmenter chaque jour la misère du fermier et pousser à la ruine du propriétaire du terrain. C'est en agissant de cette manière que cette branche privilégiée de notre agriculture, et pour l'accroissement de laquelle nous devons faire tous les sacrifices nécessaires, tomberait en discrédit.

Pour cultiver un huitième de caballeria (162 ares), il ne faut posséder qu'un capital assez commun dans ce pays, et cette étendue de terrain, bien cultivée, produit assez de tabac pour procurer une aisance convenable à un planteur instruit et laborieux. Pour cette étendue de terrain, il ne faut que la huitième partie de la quantité d'engrais indiquée ci-dessus (373,248 livres espagnoles de 12 onces, soit 130,000 kilog.), et le planteur peut trouver facilement cette quantité d'engrais dans la demi-caballeria (6 hectares et demi) qu'il faut ajouter au terrain destiné au tabac, et qu'il doit consacrer à la récolte de ses aliments (légumes, grains, etc.). On pourra, pendant la morte-saison du tabac, parquer sur le huitième de caballeria (162 ares) destiné à cette culture, l'attelage de bœufs, la vache et son veau, les deux chevaux qui portent le fumier, la chèvre et au moins deux truies destinées à la reproduction, en distribuant sur ce même terrain le fourrage nécessaire à l'alimentation sur place de toutes ces bêtes.

Le fumier et les urines de cinq bêtes de grande taille et de quatre de taille moyenne, forment déjà une quantité assez considérable d'engrais, sans compter une foule d'herbes qui croissent dans les champs et que nous avons mentionnées plus haut. Et d'ailleurs il deviendrait inutile de répandre sur le terrain à tabac le maximum de *compost* indiqué, si ce terrain n'est pas tout à fait privé de sa puissance de végétation.

En France, on emploie le fumier de trois bêtes à cornes pour amender convenablement un hectare, et c'est là le maximum qu'on y applique. Notre mesure de terre appelée *caballeria* est d'une contenance de treize hectares; mais cette surface de terrain peut recevoir les déjections de deux bœufs, une vache, deux chevaux, un veau, une chèvre et deux truies, ainsi que les détritus provenant des mauvaises herbes; donc, s'il y a lieu d'acheter des engrais, ce sera en bien faible quantité.

L'analyse qu'à plusieurs reprises j'ai faite des terrains des meilleures métairies situées sur les bords des rivières les plus renommées par leur limon, suffirait pour me convaincre que l'on peut obtenir d'excellent tabac sans avoir recours au *compost* formé de déjections animales. Toutefois, j'ai fumé un terrain portant cent pieds de tabac avec du crottin de mouton mélangé de suffisante quantité de paille, suivant le conseil des agronomes européens, et ces plantes ne paraissaient pas si vertes que celles qui n'avaient reçu que des engrais purement végétaux : les feuilles de ces cent pieds de tabac étaient épaisses, rudes et pleines de nervures, et, après la fermentation, elles prirent une couleur très-foncée. Le tabac récolté au voisinage de ces cent pieds avait des feuilles minces et soyeuses, et, après la fermentation, elles prirent une couleur jaune. Une chose bien vraie, que personne n'ignore et qui corrobore mon opinion d'une mamière victorieuse, c'est que la terre vierge de toute culture est la plus fertile et la meilleure de toutes ; et elle ne consiste cependant qu'en un *compost* naturel formé, pendant la suite des siècles, par la décomposition de tous les végétaux qui l'ont couverte.

Il serait à désirer, toutefois, que d'autres personnes renouvelassent mes expériences et nous missent au courant des résultats obtenus, parce que l'opinion contraire de M. Gruet en cette matière a beaucoup d'autorité. Pour le moment, contentons-nous de dire que le *compost fertilisant* que j'ai essayé est excellent et facile à former, et que, de l'avis des agronomes les plus célèbres, toute culture suppose l'emploi d'engrais, séparés ou réunis en *compost;* que celui qui veut beaucoup obtenir de la terre doit lui donner beaucoup; que c'est la terre qui produit les engrais avec lesquels on forme les *composts*, et que la terre aussi les réclame bien préparés et appliqués avec intelligence.

III. — *Préparation du terrain.*

On commence en juillet à préparer la terre. La première chose à faire est d'amender le *compost* et de le répandre sur la terre, après avoir coupé les mauvaises herbes au ras du sol et les avoir brûlées sur place. Puis, on donne le premier labour (on brise le sol avec la charrue), suivi du second en sens inverse du premier, et du troisième en sens inverse du second. On doit passer la charrue trois et quatre fois, et même davantage, jusqu'à ce que la terre soit devenue bien meuble.

Le dernier labour, qui est celui qui sert à préparer les sillons, doit s'exécuter le soir de la veille du jour où l'on veut repiquer les plants de tabac ; le mieux serait de tracer les sillons et de repiquer tout à la fois, afin que les jeunes plants trouvent la terre encore fraîche et légère, ainsi que le dit M. Gruet, et afin de détruire ou de déloger les insectes qui attaquent les jeunes plants pendant la pousse des nouvelles racines et jusqu'à ce qu'ils acquièrent la force nécessaire pour résister à leurs attaques.

En coupant les mauvaises herbes et en les brûlant sur place, on améliore le terrain, parce que les cendres forment engrais, et que d'ailleurs beaucoup d'insectes qui s'étaient réfugiés dans les herbes sèches, périssent par suite de la combustion.

Le premier labour doit être fait avec intelligence ; il ne faut pas que la charrue pénètre à plus de 4 pouces (10 centimètres environ), et les sillons doivent être très-réguliers. Le but que doit se proposer le laboureur, dans cette première opération, est de briser d'autant plus superficiellement la terre qu'elle est plus compacte, et cela par deux motifs puissants : d'abord pour éviter de former des mottes, parce qu'une fois levées, elles sont très-difficiles à détruire et elles deviennent un véritable obstacle pour les labours suivants ; ensuite, parce qu'en enfonçant trop le soc de la charrue en terre, les bœufs sont tenus à des efforts extraordinaires et les charrues se brisent.

Lors du second labour, on agira comme pour le premier, parce qu'il faut encore éviter de soulever des mottes. De cette manière, la surface de la terre sera bien pulvérisée et elle pourra se mélanger au compost. Après le second labour, on passera la herse en fer, afin de bien émietter la terre, puis on donnera le troisième labour, qui doit être un peu plus profond ; on passera la herse ; viendra ensuite le quatrième labour et la herse, et la terre se trouvera parfaitement préparée.

Chaque fois que l'on passera la charrue ou la herse, on aura soin de ramasser les racines enlevées par ces instruments et de les brûler ; de cette manière, la terre deviendra entièrement nette et le mélange du *compost* pourra s'effectuer complétement.

La préparation de la terre se fait, dans nos métairies, de la manière la plus imparfaite. On soulève, dès le premier labour, d'énormes mottes, et, pour les briser, on passe ce que l'on nomme la *plana ;* ce qui n'est autre chose qu'un cylindre mal fait, qui ne tourne même pas sur son axe ; aussi cet instrument est-il impuissant à briser les mottes et, en outre, il tasse la terre.

Rendre la terre bien meuble est une opération indispensable et dans l'exécution de laquelle on doit mettre tous ses soins ; non-seulement parce qu'une terre bien ameublie absorbe mieux les pluies, mais encore parce que les racines des plantes s'étendant avec plus de facilité, rencontrent plus d'aliment, et qu'en outre la sécheresse leur nuit moins, pour deux raisons : la première, parce qu'en croissant avec plus de vigueur la plante abrite la terre de ses grandes feuilles ; la seconde, parce que plus la terre est meuble et plus aussi elle conserve d'humidité.

Un garçon de charrue actif et bon praticien s'acquittera parfaitement de ces travaux ; aussi, lorsqu'on a un bon ouvrier de cette espèce, il faut tâcher de le conserver, car de son travail dépend la réussite.

Sur les collines escarpées et dans les terrains en friche, où l'on ne peut mettre la charrue, on coupe et l'on brûle toutes les broussailles, ensuite on travaille la terre à la houe et l'on forme des sillons d'un pied de largeur et de six pouces au moins de profondeur, et c'est dans ces sillons que l'on repique les jeunes plants.

Les terrains nouvellement défrichés n'ont pas besoin d'engrais, parce que la terre est vierge et qu'elle possède toute sa puissance végétative. Quant aux vieilles terres des collines, il faut les amender ; mais comme on ne peut les travailler à la charrue, en raison de la déclivité du sol, on prépare les sillons à la houe et, à chaque longueur de douze pouces, on jette dans le sillon une livre de *compost*, ou plus, si le terrain l'exige. On mélange ensuite intimement le *compost* avec la terre à l'aide d'une houe ou d'une fourche de fer de dimensions convenables, dont le manche en bois ait au moins un mètre de long et dont les dents soient recourbées. Si le *compost* n'était pas parfaitement mélangé avec la terre, il pourrait nuire au plant de tabac en le stimulant trop fortement.

Dans les pays où la science agriculturale est très-avancée, jamais les terres destinées à la culture du tabac ne se reposent, et en France particulièrement, plus les terres à tabac sont vieilles, plus elles passent pour productives, et il n'est pas rare de voir vendre, dans ce pays, au prix de 7,000 francs l'hectare, une vieille terre à tabac. Gruet, *Culture du tabac.*)

IV. — *Des semis* (1).

La manière la plus ordinaire de faire les semis de tabac, à la Havane, est de répandre la semence à la main sur un terrain fraîchement défriché, et l'on est ici tellement persuadé que ce mode est le meilleur, que celui qui n'a pas dans sa propriété une colline à défricher dans ce but, va quelquefois à une demi-lieue, et même plus loin, chercher un terrain en friche pour y jeter sa semence. Comme le terrain ensemencé dans ces conditions n'est pas sous la main du planteur, il est impossible qu'il le soigne comme il le devrait; et lorsque, au milieu de cet abandon, les semis et plus tard les jeunes pousses ont lutté contre toute sorte d'ennemis, et que peu ou beaucoup sont venues à bien, arrive un planteur voisin qui n'a pas été aussi heureux et qui les enlève en partie ou en totalité, par la raison peut-être que cette année-là les jeunes plants ont été rares par suite de cette méthode de semer si défectueuse, ou bien encore parce que ce voisin n'a pas de quoi acheter du plant.

Le cultivateur qui devient fermier sans le capital né-

(1) L'auteur a traité la question des semis avec un soin et une minutie remarquables; et nous recommandons ce chapitre à nos lecteurs. (*Note du traducteur.*)

cessaire, fera toujours du tort aux autres, et l'on ne devrait jamais confier un terrain à rente au cultivateur qui ne pourrait pas prouver qu'il possède le capital nécessaire à son entreprise. Il y aurait alors plus de journaliers, et ceux-ci, tout en aidant ceux qui possèdent un capital, finiraient par gagner de quoi devenir fermiers à leur tour. Je respecte la grande maxime qui veut que toutes les industries soient libres; mais je crois qu'il y a des exceptions à cette règle, et l'expérience m'a démontré que c'est ici une de ces exceptions.

Les semis sous couches sont préférables aux autres, parce que de cette manière on les a sous la main et l'on peut les soigner comme il convient; ces semis sont, en outre, en sûreté, par cela qu'ils se trouvent à proximité de la maison du planteur; et de plus, les jeunes pousses acquièrent beaucoup plus de vigueur. On peut faire le cadre des couches avec des planches de palmier ou d'autre bois, et il suffit que les couches aient 5 ou 6 pouces de hauteur. Une fois le cadre d'une couche établi, on commence par bien bêcher la terre qui doit former le fond de la couche; après avoir enlevé toutes les racines, les pierres et tous les corps étrangers, on remplit le cadre d'un mélange d'une partie de *compost* et de deux parties de terre prise à la surface du sol et passée au crible; si la terre est sablonneuse, elle n'en vaudra que mieux. Ceci fait, on sème la graine de tabac en la laissant tomber sur la couche à l'aide d'un crible fin fait exprès; la semence de tabac doit être mélangée de sable fin; ce mélange doit se composer, d'après M. Gruet, d'une partie de graine et de neuf parties de sable ou de terre sablonneuse.

On recouvre ensuite la semence d'une couche du mélange de terre et de *compost*, d'une épaisseur d'un demi-centimètre environ, et l'on se sert encore du crible pour cette opération.

Sur une couche de dix vares de longueur (environ 9 mètres) et d'une vare et demie de largeur (1 mètre 30 on peut faire pousser 4,860 plants de tabac, dont chacun d'eux occupera quatre pouces carrés. Il est fort inutile de répandre plus de semence qu'il n'en faut, car si l'on en répand trop, les jeunes pousses naîtront serrées les unes contre les autres, elles resteront faibles et n'acquerront jamais la force nécessaire pour devenir de beaux plants de tabac. J'ai compté moi-même sur une feuille de papier blanc, les graines contenues dans une petite mesure, et cela m'a servi de règle pour connaître au juste le nombre de graines que je dépose en terre; j'en ajoute toujours un cinquième en sus pour parer aux pertes imprévues. Préparer une mesure toujours la même pour faire les semis, c'est un travail fait une fois pour toutes, si l'on a soin de conserver cette mesure. On se sert de la même mesure pour mesurer le sable que l'on mélange à la graine au moment de la semer.

Il n'y a que les jardiniers ignorants qui sèment les graines potagères et autres assez serré pour que les plantes naissent en tas; en général, ils savent tous qu'en n'employant qu'une certaine quantité de graine et en la mélangeant avec du sable fin, ils économisent la semence, ils obtiennent de plus beaux produits, et ils peuvent enlever successivement les plants les plus forts pour être repiqués, sans nuire à ceux qui restent sur la couche.

En opérant ainsi que nous venons de le dire, on obtient de beaux semis, et c'est là un objet très-important, puisque la réussite d'une plantation de tabac dépend presque entièrement de la manière dont les semis ont été faits.

Lors de la première édition de ce Manuel, plusieurs planteurs, plus progressistes que les autres, établirent des couches; mais bien que les principes que je donnais fussent fort simples, ils ne les suivirent pas, et cependant on a remarqué que pendant ces dernières années les jeunes plants destinés à être repiqués n'ont pas été aussi rares qu'ils l'étaient auparavant. N'ayant ni bien dépiqué le fond des couches, ni bien préparé le *compost*. ni mélangé celui-ci avec deux tiers de terre sablonneuse passée au crible fin, ces planteurs ont vu un grand nombre de jeunes pousses dévorées par les insectes qui vivent habituellement dans le fumier qui n'a pas assez fermenté.

C'est l'expérience qui est venue plus tard nous enseigner à mettre les semis à l'abri des insectes venant du dehors des couches; et nous avons obtenu ce résultat en établissant les couches de manière à ce qu'elles soient séparées de la surface du terrain. Un vieux cultivateur de Guatas nous en donna l'exemple l'an dernier; ayant remarqué que les insectes envahissaient les couches parce qu'elles étaient de niveau avec le terrain environnant, il planta en terre de petites fourches de bois, de vingt pouces de hauteur; sur ces supports, au moyen de planches et de traverses, il forma des compartiments de six pouces de profondeur qu'il remplit de bonne terre; il obtint ainsi de bonnes pousses et en grand nombre.

Il nous est très-facile de nous servir de ce moyen si simple qu'a pu exécuter un pauvre vieux paysan, et comme un progrès en appelle un autre, nous pourrions compléter ce moyen en obéissant aux idées qui se présentent tout naturellement et dont l'exécution est facile.

Le cultivateur dont nous venons de parler eut à travailler sans cesse dans le principe pour détruire une certaine quantité d'insectes qui se trouvaient mêlés à la terre qu'il mit dans ses couches élevées au-dessus du sol; eh bien, ce grave inconvénient peut être évité très-facilement en faisant successivement passer dans un chaudron de fer, sur le feu, la terre destinée aux couches. Il suffira de chauffer assez pour tuer les insectes mélangés à la terre.

Nous trouvons encore à cette pratique un autre avantage, celui d'augmenter la qualité de la terre, car l'on sait que les terres très-fatiguées sont sensiblement améliorées par l'incinération. Tous les cultivateurs instruits et laborieux de la Catalogne savent apprécier le mérite de cette opération; et nous voyons chaque jour dans nos campagnes que, dans les endroits où l'on a brûlé des tas de broussailles, la végétation reparaît avec une grande vigueur, tandis que les environs ne présentent que des plantes d'un aspect mesquin. A chaque pas nous rencontrons de bons semis de tabac sur les parties de terrain où l'on a fait du charbon végétal, et l'on sait que la terre a supporté dans ces endroits un degré de chaleur très-élevé. Il est donc évident qu'en faisant chauffer la terre avant de la mettre dans les couches, on détruit les insectes mêlés au compost.

Si l'on craint que les insectes du dehors arrivent dans les couches en grimpant le long des supports, il est facile d'y remédier en garnissant de goudron la partie moyenne de ces supports.

Il reste encore un inconvénient grave : c'est le papillon qui pond ses œufs sur les couches et les dépose sur les tendres bourgeons du tabac. Il est facile aussi d'éviter cet inconvénient en recouvrant la couche d'un filet, lequel peut être fait en ficelle ou en fil de fer, à mailles étroites, afin que les papillons, même les plus petits, ne puissent les traverser.

Je pense que tout le monde sera convaincu de l'utilité et de la facile exécution de cette manière de faire les semis. Il ne peut rester de doute qu'en opérant de la sorte on n'arrive à la perfection des semis, sans lesquels on ne peut compter pouvoir faire en temps opportun les plantations de tabac. Tout planteur peut disposer les couches de la manière indiquée plus haut ; toute la dépense se réduit à celle du filet; le reste ne consiste qu'en piquets et en planches de palmier, choses qui ne coûtent rien ou presque rien.

Quinze couches de la dimension que je viens d'indiquer produisent 68,000 jeunes pousses, nombre suffisant pour un *octavo de caballeria* (162 ares), en les repiquant à la distance d'un tiers de vare (28 centimètres) en droite ligne et laissant la largeur d'une vare (86 centimètres) entre chaque ligne. Il est nécessaire de faire deux ou trois couches en plus que celles jugées nécessaires pour les semis ; donc il faut un total de dix-huit couches, et ces couches serviront à faire une deuxième fois des semis, soit pour repiquer de nouveaux plants pour une seconde récolte, soit dans le but de vendre du jeune plant.

L'endroit où se trouvent les couches doit être entouré d'une claire-voie, afin d'empêcher les animaux de basse-cour et autres d'y pénétrer ; il faut aussi que les couches soient couvertes de paillassons légers en roseaux, afin que les semis n'aient à redouter ni l'ardeur du soleil, ni le choc des fortes pluies.

Deux jours après avoir semé, on arrose, et l'on continue à arroser chaque deux jours après le coucher du soleil. Pour arroser on découvre les couches, et on les laisse découvertes de manière à ce qu'elles reçoivent le soleil du matin pendant une heure ou deux ; puis on les recouvre, à moins que le temps ne soit nuageux.

L'eau qui sert à arroser doit être de fontaine ou de pluie ; celle de puits ne convient pas, si elle est saumâtre. Il faut que l'arrosoir ait une pomme à très-petits trous; car les arrosoirs à gros trous abattent la terre, couchent les jeunes plants et même les arrachent. Dès que la semence sera sortie de terre, on n'arrosera que lorsque la terre sera presque sèche ; si les jeunes pousses reçoivent beaucoup d'eau, elles poussent trop vite et restent languissantes, parce qu'elles n'ont pas eu le temps de produire des racines en quantité suffisante, et par conséquent, plus tard, elles n'auront pas la vigueur nécessaire pour supporter la transplantation, et après le repiquage elles resteront très-impressionnables à n'importe quel accident, et elles périront facilement.

Si, malgré les précautions prises, on remarque que les plants sont trop serrés, on les éclaircira en en arrachant un certain nombre, sans attendre qu'ils aient atteint une hauteur de plus d'un pouce, et en les isolant de manière à ce qu'ils aient chacun une surface carrée de quatre pouces. On nettoiera les couches de toutes les mauvaises herbes et de tous les insectes.

Il y a une chose à laquelle il faut faire bien attention : c'est, lorqu'on sème, de remuer constamment avec la main, sur le crible, le mélange de semence de tabac et de sable fin. Si l'on n'agit pas ainsi, il arrivera que, la semence étant beaucoup plus légère que le sable, elle gagnera la superficie pendant les mouvements que l'on imprime au crible; il s'ensuivrait que la semence ne serait pas répartie également sur la couche et qu'il y aurait des places où, plus tard, les jeunes pousses se trouveraient amoncelées, tandis qu'ailleurs il y aurait des espaces vides.

V. — *Du repiquage.*

Le repiquage du tabac peut s'exécuter depuis le mois d'août jusqu'au commencement de février; cela dépend de l'année, car c'est le temps qu'il fait qui guide pour cette opération. Les planteurs ont coutume de dire : Quand la pluie commence, l'année commence. Le manque d'eau est la cause de beaucoup d'inconvénients, et l'un de ces inconvénients est que quelquefois les semis se perdent par suite de manque d'un temps favorable, et qu'alors il faut bouleverser les couches et recommencer à semer.

L'on repique lorsqu'après la pluie le temps reste calme ; il faut bien se garder de repiquer pendant les fortes pluies ; car celles-ci déchaussent et arrachent les jeunes plants, ou encore elles les recouvrent entièrement avec la terre qu'elles entraînent des plates-bandes dans les sillons. Il faut aussi éviter de repiquer pendant la sécheresse, parce qu'alors le tabac ne croît pas, qu'il reste stationnaire, et qu'il fleurit étant très-petit.

On évite cet inconvénient en arrosant.

L'opération du repiquage doit commencer à trois heures du soir; si le temps est nuageux, on peut commencer dès le matin; on ouvre les sillons dans la direction de l'orient au couchant, avec une charrue à grandes oreilles, au fur et à mesure que l'on va repiquant, et l'on n'ouvrira aucun sillon que l'on ne puisse garnir. Les planteurs sont en général d'avis qu'il faut faire les sillons très-profonds; ils se fondent en cela sur ce que la plante reçoit plus d'humidité, et sur ce qu'elle est moins exposée à souffrir, lorsqu'elle est jeune, des coups de vent du nord, si elle est bien abritée par des sillons élevés, et ceci semble rationnel. Mais si le sillon est assez profond pour découvrir le sous-sol, qui est ordinairement de l'argile, la plante repiquée se trouve reposer sur ce fond argileux qui ne convient en aucune manière au tabac. Nous concluons de ceci qu'il faut que la profondeur des sillons soit en rapport avec l'épaisseur de la couche de terre végétale, afin qu'il reste au moins quatre pouces de terre végétale en dessous des racines du tabac.

A partir du 15 février, on ne repique plus le tabac, parce que celui qui est planté après cette époque manque de poids et de qualité; il n'a ni consistance ni onctuosité.

L'on ne doit repiquer que des plants vigoureux, qui aient de cinq à six feuilles, ni plus ni moins, sans compter les deux premières : les plants maigres et allongés ne valent rien, et les tiges doivent être saines.

La culture du tabac suppose une série d'opérations qui se suivent avec précision, et l'on ne peut obtenir de bons résultats si la saison ne se montre pas favorable; mais la science et l'expérience nous enseignent que l'irrigation est le seul moyen de parer aux inconvénients qui sont la conséquence d'une saison peu favorable. Avec un bon système d'irrigation, l'on peut être sûr de perfectionner la culture du tabac et de récolter le maximum de ce qu'il est permis d'espérer.

Pour bien assurer la réussite du repiquage, pour ne pas se trouver dans l'obligation de recommencer cette opération, il est bon de couvrir les jeunes plants pendant les heures où le soleil darde le plus fortement, et de les découvrir depuis 5 heures du soir jusqu'à 8 heures du matin, et de continuer ainsi pendant sept à huit jours la transplantation.

M. Gruet, convaincu de l'utilité de cette pratique, recommande d'employer pour cela des tuiles convexes ayant trois ou quatre trous. En France, ces tuiles coûtent très-bon marché, et bien qu'ici elles coûtent plus cher, c'est une dépense une fois faite; car, à moins qu'on ne les casse à plaisir, ces tuiles, qui sont plus épaisses que les autres, durent toujours. Je conseillerais de leur donner la forme d'un petit toit de six à huit pouces de longueur sur dix de hauteur.

Il paraît superflu de recommander de ne pas trop comprimer la terre sur les faibles racines des jeunes plants; plus la terre est compacte par elle-même, moins il faut la comprimer.

VI. — *Distance des plants.*

Certains planteurs ont le tort de ne pas laisser une vare de largeur d'un sillon à l'autre (je parle de la vare de Cuba, de 36 pouces, soit 97 centimètres). Il résulte de cela que les feuilles n'acquièrent pas les dimensions convenables, que le tabac est léger, et qu'il manque de souplesse et d'arôme. Dans ce cas aussi, les feuilles sont détériorées par le contact des hommes qui travaillent et qui sont obligés de passer fréquemment dans les sentiers qui séparent les lignes des plants de tabac.

Lorsque les plants sont trop rapprochés, les feuilles du bas se pourrissent, les tiges, au lieu de prendre de la force, restent grêles et par conséquent très-faibles, et il en résulte du tabac de petite taille, de mauvaise qualité et qui ne mûrit jamais.

L'intervalle d'un plant à l'autre, en ligne, est ordinairement de 12 pouces (32 centimètres) ; tous les planteurs sont du même avis à cet égard, et nous devons respecter leur opinion ; mais ils ne sont pas tous d'accord quant à la largeur des sentiers à réserver entre chaque ligne ; un grand nombre d'entre eux voudraient qu'on leur donnât cinq palmes de large (45 pouces, 121 centimètres) ; mais dès qu'ils en viennent à la pratique, presque tous ne leur laissent que 36 pouces (97 centimètres) ; toutefois, il existe en cela quelques différences, mais elles ne sont pas de plus de 4 pouces, en plus ou en moins.

La distance qui a toujours présenté les meilleurs résultats dans toutes les espèces de terrains, est celle de 12 pouces de plant à plant en ligne (32 centimètres), et 36 pouces d'écartement entre chaque ligne (97 centimètres), et il est fort heureux que l'on trouve cette unanimité d'opinion dans cette partie si essentielle de la culture du tabac.

Dans les terrains très-sablonneux et pauvres en engrais, les tiges du tabac restent très-grêles, et comme les planteurs en général oublient de fumer les terres, ils rapprochent ici les plants, afin qu'ils se servent de soutien les uns aux autres pour résister aux chocs des vents. Le remède est pire que le mal, car on perd du temps et du travail pour en arriver à ne récolter qu'un tabac imparfait, sans poids, sans qualité et très-petit ; il serait bien plus simple d'amender la terre ; car dans ce cas on utiliserait convenablement ces terrains qui, par le fait, sont les meilleurs pour la culture dont il s'agit, et là où tout est misère aujourd'hui, tout serait alors prospérité et abondance.

Il est bon de faire remarquer que ce n'est pas tant le poids qu'il faut rechercher dans le tabac, car une manoque de feuilles minces, élastiques et jaunes pèse beaucoup moins qu'une manoque de même grosseur formée de feuilles épaisses, pleines de nervures et de couleur foncée, et cependant la première vaut quatre fois plus que la seconde.

VII. — *Des soins qu'exigent les plants de tabac pendant qu'ils croissent, et de la récolte des feuilles.*

Dès que les plants ont de 8 à 10 pouces de haut (de 22 à 28 centimètres), on les butte et on les sarcle, afin qu'ils reçoivent plus de fraîcheur et qu'ils se nourrissent mieux; ce travail se fait à la houe. Ce buttage peut se faire à quelque heure du jour que ce soit, si la terre est convenablement ramollie par la pluie ou par l'irrigation, et aussi si le jour est nébuleux. Dans le cas contraire, on ne buttera que le matin avant neuf heures, époque de la journée à laquelle le soleil commence à échauffer la terre; il ne faudrait donc pas butter les plants de tabac avec la terre ainsi échauffée, car cela leur nuirait beaucoup.

Si la mauvaise herbe est rare, le rateau suffit à l'enlever; mais il faut prendre garde de ne pas atteindre les racines du tabac.

Après avoir fini de butter et après avoir répété cette opération aussi souvent que l'exigent les circonstances, on attend l'apparition du bouton qui annonce la fleur, et l'on arrête l'accroissement de la tige. Cette opération exige beaucoup de soins. On coupe la tête ou le bouton de la plante avec l'ongle du pouce; mais il faut que celle-ci ait de onze à treize feuilles, sans compter les trois premières du pied, en tout quatorze ou seize feuilles. On n'étêtera pas les plantes qui ne montrent pas encore de boutons, car elles ne croissent pas toutes également; cette inégalité de croissance et l'inégalité dans le nombre des feuilles, sont des inconvénients peu sensibles ou même nuls, du moment qu'on a bien amendé la terre, qu'on l'a bien préparée, qu'on l'a sarclée, buttée et irriguée en temps opportun.

Mais si l'on n'a point pratiqué toutes ces opérations avec exactitude, il en résulte une foule d'inconvénients : ainsi, quelques tiges croissent moins vite que d'autres ; il y en a qui ont 16 feuilles sans montrer encore leurs boutons, tandis que d'autres, qui ont été repiquées le même jour et qui étaient de même force, n'ont que 8 ou 10 feuilles, mais laissent paraître le bouton. Cette inégalité est un obstacle à ce que l'on puisse calculer approximativement le produit d'une plantation, et de là vient le discrédit dans lequel se trouvent parmi nous les calculs des produits de l'agriculture.

Tandis que si l'on mettait en pratique d'une manière exacte les moyens bien faciles que je propose, pour nous deux et deux feraient toujours quatre, à moins qu'un accident extraordinaire ne vînt à détruire nos travaux en tout ou en partie.

Le bouton doit se couper dès qu'il paraît, afin que l'accroissement de la tige soit arrêté et que les feuilles acquièrent plus de nourriture et de plus grandes dimensions. Toutefois, pour écimer, il faut attendre que les trois dernières feuilles du haut aient acquis une certaine dimension et une certaine consistance, car, faute de cela, cette opération peut leur nuire et même les faire mourir.

Après avoir écimé le tabac, il faut avoir bien soin d'enlever les rejets qui croissent dans l'aisselle des feuilles, contre la tige, ainsi que ceux qui poussent au pied, et cette opération doit se faire dès que ces rejets paraissent ; car, pour peu qu'on les laisse croître, les feuilles perdent leur qualité et le tiers de leur poids. Il est indispensable de pratiquer cette opération avec beaucoup de dextérité, parce qu'en la faisant on nuit ordinairement à la tige ou à la base des feuilles. On devrait charger des femmes de ce travail et d'autres travaux analogues, et laisser aux hommes le soin de manier la houe et l'arrosoir.

Lorsque le terrain est excessivement riche en engrais

animal, surtout lorsque dans le compost on a fait entrer du fumier de mouton, il conviendra de laisser croître les sommités du tabac jusqu'à ce qu'elles aient de 4 à 9 pouces de hauteur (11 à 24 centim.). En agissant ainsi, on obtiendra des feuilles fines, tandis que dans le cas contraire elles seraient épaisses, rugueuses et amères. Quant à la qualité et à l'arôme des feuilles, elles en auront assez dans ce cas, même en permettant aux bourgeons de se développer jusqu'à un certain point, car une terre trop riche en fumier a toujours assez de vigueur. Cette opération exige, au surplus, un tact particulier et une grande pratique.

Dès que le tabac a un premier degré de maturité, on doit commencer la récolte ou la première cueillette, dont le produit porte le nom de *tabac principal*. Beaucoup de planteurs de ce pays commencent la cueillette par les feuilles de la base de la tige, parce que ce sont celles qui mûrissent en premier, et parce qu'elles se pourrissent autant qu'elles se dessèchent si l'on attend pour les cueillir que celles d'en haut soient mûres, et parce qu'aussi, en agissant ainsi, le cinquième de la récolte se trouve perdu. Dans le cas où ces feuilles, cueillies tardivement, ne se pourrissent pas, elles donnent un tabac que l'on nomme *libra de pie* et qui est de qualité inférieure, pour être resté attaché à la tige beaucoup plus longtemps qu'il ne faut, et pour être resté en contact avec le sol en raison du poids que la maturité lui communique.

Pour utiliser ces feuilles dans le meilleur état possible, on les arrache, ou, ce qui est mieux, on les coupe avec des ciseaux, lorsqu'elles commencent à mûrir ; c'est ainsi que cela se pratique en Europe ; puis on les réunit par deux avec un lien et on les suspend aux traverses placées sous les hangars à tabac, ou bien encore on les enfile par la base de la nervure centrale avec une grosse aiguille garnie d'une ficelle d'une certaine longueur, et, lorsque ce bout de ficelle est plein, on l'attache par les deux bouts, en le tendant sous le séchoir à tabac.

Bien que tout ceci soit chose fort simple, il ne manquera pas de gens qui feront des objections. L'époque à laquelle doit se faire cette opération ne présente aucun travail sérieux à faire; car, à moins que l'on n'ait à détruire des insectes, le tabac n'exige absolument aucun soin à l'époque dont nous parlons, et en suivant nos conseils, on sauve cependant au moins le cinquième de la récolte; tandis que ce cinquième a toujours été perdu pour le planteur, en suivant la méthode ordinaire, qui consiste à laisser se perdre dans les champs les trois premières feuilles d'en bas, ou à en faire du tabac nommé *libra de pie*, qui ne vaut absolument rien. D'ailleurs, lorsque l'on coupe en temps opportun les feuilles du pied, il en résulte que celles d'en haut, et surtout celles du milieu, acquièrent plus de qualité, et il est très-utile d'avoir ceci présent à la mémoire, quand il s'agit de terrains pauvres.

Le doute prudent qui doit toujours accompagner toute innovation, me porte à proposer que l'on fasse des essais réitérés et exécutés avec soin, et en petit, sur le mode de récolter le tabac en commençant par le bas de la tige, en continuant par les feuilles du milieu, et en terminant par celles du haut et en tenant compte des intervalles de temps indiqués par les circonstances, afin de vérifier d'une manière certaine les avantages de ce mode de récolte, en faisant des comparaisons exactes, tant relativement à la main-d'œuvre que relativement à la qualité. — On me dira peut-être : Notre tabac est le meilleur du monde entier ; pourquoi donc modifier notre manière de faire ?

Cette manière de raisonner paraît convaincante ; mais ne serait-il pas prudent, toutefois, de s'assurer si cette branche d'agriculture n'est pas susceptible d'admettre des améliorations qui soient de nature à faire ressortir encore les qualités si appréciables de notre tabac, et qui fassent que le produit soit plus uniforme et plus considérable, sans que pour cela les frais de production soient augmentés, ces améliorations ayant aussi pour but d'éloigner chaque jour davantage la possibilité de la concurrence que peut-être un jour on pourra nous faire?

Il est bon de faire remarquer que beaucoup de planteurs sont d'avis que les feuilles du sommet de la plante mûrissent avant celles du bas. Cette opinion, qui m'a toujours semblé absurde, est soutenue par les planteurs ; ils prétendent que lorsque les feuilles du sommet sont coupées étant à peu près jaunes, celles du milieu sont encore vertes et ne jaunissent qu'après avoir reçu pendant quelque temps encore l'action du soleil. J'ignore jusqu'à quel point cette observation est exacte ; ce que j'ai vu, c'est que quand on commence à couper le tabac, les trois feuilles du pied sont déjà plus mûres que les quatre ou cinq du sommet de la plante.

Notes du Traducteur.

Les chapitres VIII à XV de la brochure de *Don Jose Maria Dau* traitent des soins à donner au tabac depuis l'époque de la récolte jusqu'à l'époque de la mise en vente. La plus grande partie des indications contenues dans ces chapitres étant les mêmes que celles données par *Don Miguel Rodriguez Ferrer*, il m'a semblé inutile de les reproduire ici. Je n'ajouterai donc ci-après que les indications qui diffèrent et qui peuvent être par conséquent de quelque utilité à nos planteurs algériens.

Don J. M. Dau n'est pas de l'avis de Don Miguel Rodriguez Ferrer quant à la sauce avec laquelle on humecte les feuilles de tabac avant d'en former des manoques. Anciennement, dit-il, on composait la sauce de différentes manières ; on se servait généralement d'une infusion de tabac mélangé d'urine ; on employait aussi un mélange de mélasse, d'eau et de tabac ; cette mixture était moins mauvaise que la première. Aujourd'hui (l'auteur écrivait en 1847), quelques planteurs voudraient remettre en vogue ces mixtures, prétendant qu'elles donnent du montant au tabac ; mais ils ne se décident pas à s'en servir, parce que personne ne se rappelle les proportions de ces ingrédients si nuisibles au tabac auquel ils communiquent une odeur et une saveur détestables. Tout le monde aujourd'hui emploie l'eau pure, de façon que cette opération devrait s'appeler : *humecter le tabac*, et non, *saucer le tabac*.

Au surplus, rien n'est préférable à l'arôme propre du tabac, et tout ce qu'on pourrait y ajouter pour renforcer cet arôme doit être rejeté d'une bonne pratique.

D'après Don J. M. Dau, lorsqu'on a fait une première coupe des plants de tabac, il sort des souches de ces plants quelques bourgeons ; on les enlève tous, à l'exception d'un ou deux qu'on laisse parvenir à maturité. Dans les bons terrains, bien irrigués, les plants de seconde pousse fournissent du tabac d'aussi bonne qualité que celui de première récolte, mais à la condition expresse d'entourer le pied de chaque plant de 4 à 500 grammes de compost bien fait, et d'arroser trois ou quatre fois les plants. Cette pratique procure des bénéfices assurés.

L'auteur que je traduis donne ensuite quelques indications sur la manière de construire les hangars à tabac. Il dit que ces hangars doivent avoir un faîte élevé; qu'ils doivent être spacieux, très-aérés, mais en même temps à l'abri de toute humidité. Ils doivent être assez vastes pour que les perches à tabac ne soient point trop rapprochées les unes des autres, ce qui nuit à la dessication du tabac et ce qui entraîne sa moisissure. Il recommande aussi de construire les hangars à tabac à une certaine distance des habitations, afin qu'ils soient à l'abri des causes d'incendie.

Don J. M. Dau donne aussi quelques conseils relativement à la manière d'obtenir de bonne semence, ce qui est essentiel si l'on ne veut pas voir dégénérer l'espèce. Il dit que les planteurs de la Havane ont l'habitude de laisser pousser la semence sur des plants qui ont subi une première coupe et qui ont fourni, par conséquent, des rejets. M. Gruet, qui a écrit sur la culture du tabac un livre apprécié des planteurs, est d'avis qu'il faut recueillir la semence sur des plants de première pousse; qu'il faut choisir les sujets les plus vigoureux, et qu'il faut leur donner des soins de culture tous particuliers. Il est d'avis également que l'on ne doit conserver que la sommité principale et qu'il faut enlever de bonne heure toutes les sommités secondaires. Lorsque les plants à semence sont mûrs, on ne les coupe pas, mais on les arrache et on les suspend dans un lieu sec. Don J. M. Dau pense que les conseils de M. Gruet sont les meilleurs à suivre dans le cas dont il s'agit.

Quant à la préparation de la semence, voici ce que dit Don J. M. Dau : En Europe et ailleurs, on prépare presque toutes les semences jardinières et même celles des céréales ; cette préparation consiste à les ramollir en les faisant macérer dans quelque liquide stimulant. Voici, ajoute Don J. M. Dau, une expérience que j'ai faite : j'ai fait cuire une livre de fumier de vache récent dans une livre d'eau. Lorsque la mixture fut arrivée à l'ébullition, je passai à travers un linge, et quand le liquide fut tiède, j'y trempai une demi-once de tabac.

Au bout de 24 heures je décantai le liquide; je mêlai les semences avec 4 onces et demie de sable lavé et bien sec, et les semai à l'aide d'un crible fin sur une couche préparée; je recouvris les semences, à l'aide du même crible, d'une couche d'un demi-centimètre de compost pourri. En même temps je semai une autre demi-once de la même semence, avec les mêmes précautions, mais sans l'avoir humectée. La semence préparée germa *trente-trois* heures avant l'autre et produisit *198 plants de plus*. Quant à la vigueur des plants, il n'y eut pas de différence notable.

L'on ne doit jamais se servir que de semence de la dernière récolte; celle de deux ans ne produit pas. Don J. M. Dau recommande de ne pas préparer la semence du tabac dans du lait de vache, parce qu'il a pu s'assurer que les fourmis attirées par le lait emportent toutes les semences.

Quant aux insectes hostiles au tabac, ou plutôt aux planteurs, puisqu'ils détruisent le tabac, M. Dau, tout en parlant assez longuement, n'a dit rien qui ne soit connu.

Toutefois, il est bon de mentionner ici un conseil qu'il donne relativement à la destruction de ceux de ces insectes qui doivent leur origine à un papillon. Il pense qu'on peut détruire un grand nombre de ces papillons, en allumant à certaines époques, pendant la nuit, dans les champs de tabac, et de distance en distance, des torches faites de paille enduite de matières résineuses ou bitumineuses, à la flamme desquelles viennent se brûler ces insectes.

Enfin, dans son quinzième et dernier chapitre, Don J. M. Dau parle des irrigations, et il blâme M. Gruet d'avoir dit dans son traité de la culture du tabac, que les irrigations étaient inutiles et mêmes contraires au tabac.

Comme le dit fort bien Don J. M. Dau, tous les succès en agriculture sont dus aux irrigations faites à propos, et un terrain d'un hectare facile à irriguer se paie autant que celui d'une contenance de dix hectares non irrigables; et il cite à cette occasion plusieurs exemples de planteurs qui, pendant des années fort sèches, ont obtenu de fort bonnes récoltes pour avoir fait les frais d'irrigations artificielles, tandis que tous leurs voisins virent leurs plants desséchés.

En terminant, M. Dau dit que pour les exploitations en grand, il faut avoir recours aux *norias* pour les irrigations, et il indique la manière de pratiquer ces irrigations, qui est la même dont se servent sous nos yeux les Espagnols en Algérie, mode d'irrigation qui a été enseigné aux Espagnols par les Maures d'Espagne. M. Dau indique une manière d'extraire l'eau des puits, qui n'est ni si compliquée ni si coûteuse que la *noria*.

Elle consiste à placer horizontalement au fond du puits un cylindre en bois, et un second cylindre pareil à deux mètres au-dessus de l'orifice du puits, et à faire passer sous les deux cylindres un tissu de grosse toile de coton formant une bande sans fin. Sur la bande et dans toute sa longueur, on coud des morceaux d'éponges grossières de 6 à 8 centimètres d'épaisseur, puis l'on recouvre le tout d'une seconde bande de toile qui maintient les éponges sans les comprimer. Les choses étant ainsi disposées, on fait mouvoir au moyen d'une manivelle à laquelle on peut appliquer une bête quelconque, mulet, âne ou bœuf, le cylindre supérieur. La bande de toile communique le mouvement au cylindre inférieur et tourne incessamment et indéfiniment, en versant dans une gouttière en bois, placée parallèlement au cylindre supérieur, l'eau dont elle s'est imprégnée au fond du puits.

Cette manière de tirer de l'eau d'un puits ou d'une rivière n'est au surplus qu'une modification apportée à l'invention d'un facteur de la poste aux lettres de Paris, qui, à la fin du siècle dernier, imagina de faire monter ainsi de l'eau, en se servant d'une simple corde enroulée sur un double cylindre.

Dr Wahu,

Médecin principal des hôpitaux militaires, retraité.

TABLE DES MATIÈRES.

www.ingramcontent.com/pod-product-compliance
Ingram Content Group UK Ltd.
Pitfield, Milton Keynes, MK11 3LW, UK
UKHW020944180726
13838UKWH00003B/1123